《输变电设施运行可靠性评价指标导则》 条文释义与应用指南

《〈输变电设施运行可靠性评价指标导则〉条文释义与应用指南》编委会　编

中国电力出版社
CHINA ELECTRIC POWER PRESS

内 容 提 要

本书为《输变电设施运行可靠性评价指标导则》的条文释义和应用指南，主要对导则中的部分条款和指标进行必要的解释和说明，介绍导则条款内容的来源，阐述条款内容的含义，对条款内容进行合理的扩展叙述，对容易引起误解的内容进行详细说明，描述条款之间、条款与其他相关标准规范有关内容的关系，对高度凝练和抽象的概念、指标、公式等进行充分解释。

本书可供从事电力可靠性管理人员和各级电力可靠性工作的专业人员参考。

图书在版编目（CIP）数据

《输变电设施运行可靠性评价指标导则》条文释义与应用指南 /《〈输变电设施运行可靠性评价指标导则〉条文释义与应用指南》编委会编. —北京：中国电力出版社，2023.12
ISBN 978-7-5198-8345-4

Ⅰ. ①输… Ⅱ. ①输… Ⅲ. ①输配电线路–供电可靠性–指南②变电所–供电可靠性–指南 Ⅳ. ①TM7-62

中国国家版本馆 CIP 数据核字（2023）第 226087 号

出版发行：中国电力出版社
地　　址：北京市东城区北京站西街 19 号（邮政编码 100005）
网　　址：http://www.cepp.sgcc.com.cn
责任编辑：肖　敏（010-63412363）
责任校对：黄　蓓　朱丽芳
装帧设计：赵姗姗
责任印制：石　雷

印　　刷：固安县铭成印刷有限公司
版　　次：2023 年 12 月第一版
印　　次：2023 年 12 月北京第一次印刷
开　　本：710 毫米×1000 毫米　16 开本
印　　张：9.25
字　　数：125 千字
印　　数：0001—3000 册
定　　价：58.00 元

《输变电设施运行可靠性评价指标导则》
条文释义与应用指南

编 委 会

主 任　周　霞　陈　刚

副主任　李　霞　田洪迅　周宏宇　黎　炜　王　庆

委　员　李　平　刘敬华　韦　鹏　严南征　王国功

编 写 人 员

主　编　刘　垚

副主编　孙立时　陈　旦　高丹丹　张　俊　王秀龙
　　　　唐士宇　朱　林

参　编　相中华　朱新山　潘亮亮　张韶华　何玉鹏
　　　　康文军　刘世涛　卢智民　李明远　张海燕
　　　　李　响　赵一昆　崇信民　马海军　江伟民
　　　　马云龙　许艳阳　白文元　于　乔　马　驹
　　　　陈健卯　邵　华　朱合桥　耿卫星　张　源
　　　　房艺丹　张　云　孙醒涛　陈　颖

前　言

从 20 世纪 70 年代起，我国就开始了电力系统可靠性研究工作。经过四十余年的发展，我国的电力可靠性管理已由最初时期的政企合一管理进入了政府主导、行业服务和企业主体相结合的新阶段。近年来，随着大电网、大机组、大容量、特高压、交直流混合、远距离输电、智能电网的快速发展，特别是大规模新能源发电设备的接入，电力系统的复杂程度明显增加，导致电网的安全稳定问题日益突出。作为反映电力企业管理水平和电力系统安全运行状况，以及电力工业对国民经济用电需求满足程度的基础性指标，电力可靠性指标在电网规划设计、产品制造和安装、设备运行和检修维护、营销服务等方面的指导作用日益显著。

作为输变电设施运行可靠性评价指标的基础性标准，2021 年 10 月 11 日发布并在 2022 年 5 月 1 日实施的 GB/T 40862—2021《输变电设施运行可靠性评价指标导则》规范了输变电设施运行可靠性管理常用术语及其定义，是为全面规范我国输变电设施可靠性评价工作而制定的。作为指导我国电力系统生产运行、检修维护、生产管理等各环节工作开展的重要技术标准，该导则坚持系统性、实用性、规范性和先进性的原则，考虑到输变电设施运行管理的需求，与输变电设施调度控制、运行、检修等相关专业标准充分对接，评价指标对象覆盖具备电能传输、变换和分配能力的交流设施和直流设施，并按照输变电设施的规定功能进一步细分类型，各类输变电设施之间互相独立，除了导则附录 A 中列举的各类主要交直流输变电设施外，电网发展中的新型输变电设施也可参考该导则列入评价。

《输变电设施运行可靠性评价指标导则》从传统的具体评价指标出发，分别从次数、时间、比例三个不同维度，构建了分层分级的输变电设施可靠性评价指标系统化体系。导则对输变电设施运行可靠性状态进行了准确合理的划分归类，为电网的安全可靠性运行评价提供了依据，为输变电设施可靠性管理及各输变电设施厂家设备评价提供了支撑，为后期输变电设施选型提供了依据，具有良好的社会效益与经济效益。

本书为《输变电设施运行可靠性评价指标导则》的条文释义和应用指南，主要对导则中的部分条款和指标进行必要的解释和说明，介绍导则条款内容的来源，阐述条款内容的含义，对条款内容进行合理的扩展叙述，对容易引起误解的内容进行详细说明，描述条款之间、条款与其他相关标准规范有关内容的关系，对高度凝练和抽象的概念、指标、公式等进行充分解释。本书通过增加实际应用案例来提高可读性和实用性，便于标准使用者准确理解掌握。本书的一些内容参考了导则起草工作组部分专家以及国内外业内有关专家的研究成果，在本书编审过程中还得到了业内有关专家的大力支持。本书可供从事电力可靠性管理人员和各级电力可靠性工作的专业人员参考，并为相关专业人员快速熟悉、理解和掌握相关标准提供帮助。

由于时间仓促，加之作者水平有限，书中部分内容可能存在不妥之处，敬请各界专家和读者批评指正。

编者

2023 年 11 月

目　录

1 范　　围

本文件规定了输变电设施运行可靠性评价对象、状态分类、评价指标及计算。

本文件适用于电力系统中的输变电设施运行可靠性的评价。

【条文释义】明确了《输变电设施运行可靠性评价指标导则》(简称"本导则")的主要内容和适用范围。本导则评价对象限定为电力系统中的输变电设施,未移交使用单位运行维护的输变电设施不在本导则评价对象范围。

通过对输变电设施可靠性数据的统计和分析,可以全面掌握和评价输变电设施在电力系统中的运行状况,对改进生产管理、设备制造、安装质量、工程设计等方面具有重要意义。

---

2 规范性引用文件

本文件没有规范性引用文件。

———————————————————————————☞

【条文释义】 对本导则引用文件情况进行了说明。

☜———————————————————————————

3 术 语 和 定 义

下列术语和定义适用于本文件。

【条文释义】本导则中的术语和定义适用于交流输变电设施和直流输变电设施的可靠性评价。

本导则与 T/CEC 479—2021《直流输变电设施可靠性评价规程》和 DL/T 837—2020《输变电设施可靠性评价规程》相比，明确了使用状态的定义，将输变电设施的使用状态分为可用状态和不可用状态两大类，并进一步细分为运行状态、备用状态、计划停运状态和非计划停运状态，涵盖了调度备用状态、大修停运状态、第一类非计划停运状态等 12 小类状态并进行了定义。对 DL/T 837—2020《输变电设施可靠性评价规程》中的"术语和定义"部分进行了精炼，去除了"带电作业"的定义，将"计划停运小时""非计划停运小时"等时间类术语和定义归为时间类指标体系并在第 6 章"时间类指标"中进行说明；将"计划停运次数""非计划停运次数"等术语和定义归为次数类指标体系并在第 5 章"次数类指标"中进行说明；将"可用系数""运行系数""计划停运系数""非计划停运系数""强迫停运系数"和"暴露系数"等术语和定义归为比例类指标并在第 7 章"比例类指标"中进行说明。

本节对本导则中的"输变电设施""使用状态""持续时间""累积时间""评价期间时间""评价期间使用时间"以及"等效设施"等关键术语进行了定义。

3.1

输变电设施 transmission and transformation installation

安装在一个给定地点或路径以实现电能传输、变换与分配的一个电器或相互关联的一组电器。

注：在本文件中，输变电设施包括实现特定功能的输变电设备本身，以及使设备运行良好的支撑、连接附件等所有器具。

［来源：GB/T 2900.1—2008，3.3.24，有修改］

【条文释义】该条款对输变电设施进行了定义和说明，并对定义的来源进行了说明。

该定义在 GB/T 2900.1—2008《电工术语 基本术语》中 3.3.24"装置（2）installation 设施：安装在一个给定地点以实现特定目的一个电器或相互关联的一组器件和/或电器，包括使它们运行良好的所有器具。"的基础上，结合输变电设施特点进行了重新修改，并对输变电设施的范围划分进行了补充说明。

该定义从安装场合、功能、结构特点及范围上对输变电设施进行了高度凝练的概括，适合本导则定义的包括具备电能传输、变换和分配能力的交流设施和直流设施。输变电设施不仅仅包含输变电设备本身，还包括电力系统为设备运行良好而建设的支撑、连接附件等所有器具。因此，在进行输变电设施可靠性评价时要明确输变电设施的统计范围。

输变电设施一般应包括设备本体，设备配套提供的一、二次附属设施和操作控制设施，以及规定中明确的其他设施。设施统计范围划分的一般原则为：

（1）设备的一次侧接线板或出线接头以内的（含接线板或出线接头），属于本设备。

（2）与本设备相连接的引流线线夹及部分引流线，属于本设备。引流线的归属原则为：

1）首先判断是否与母线相连。与母线连接的引流线全部属于母线，但该引流线与设备连接的线夹则属于所连接的设备，如图 3-1（a）所示。

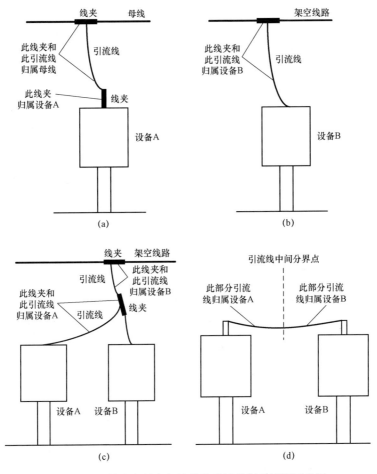

图 3-1　与输变电设备相连接的引流线划分界示意图

（a）接线方式 1；（b）接线方式 2；（c）接线方式 3；（d）接线方式 4

2）然后再判断是否与其他设备相连。若引流线连接一个设备，则以该引流线上端的线夹为界，该线夹以内（包括该线夹），属于所连接的设备，如图 3-1（b）、（c）所示。若引流线连接两个设备，则以该引流线中间分界点为界，分别属于所连接的设备，如图 3-1（d）所示。

（3）设备单元上的二次设备、通信、非电气量保护等相关的部件以设备本体上的出线端子排（板）为界，出线端子排（板）以内的［含端子排（板）］，属于本设备单元。

部分主要交直流输变电设施的统计范围见表 3-1。

表 3-1 部分主要交直流输变电设施统计范围

设施	统计范围
变压器	除变压器本体外，变压器设备单元还包括储油柜、冷却器、风控箱、气体继电器、非电气量保护装置、变压器有载分接开关、在线滤油装置等，但不包括变压器的消防设施、非制造厂配套提供的变压器在线监测装置等。具体包括： （1）变压器所有引出套管（包括各侧电流回路套管、中性点套管、铁心和夹件的引出套管）接线板以内部分以及与变压器相连的部分引流线（包括线夹），属于变压器范围。套管电流互感器也属于变压器范围。 （2）安装在变压器本体上的非电气量保护装置、套管电流互感器二次引出线，以变压器本体端子箱内的出线端子排为界，出线端子排以内部分，属于变压器范围。 （3）变压器风控回路，以风控回路的出线端子排为界，出线端子排以内部分，属于变压器范围。 （4）变压器风控箱内的电源回路部分，以风控箱内电源接线桩头为界，接线桩头以内部分，属于变压器范围。 （5）变压器本体与变压器在线监测装置（非制造厂提供的变压器在线监测装置）以连接阀门为界，连接阀门以内部分（包括阀门），属于变压器范围。 （6）变压器有载分接开关控制器、控制器与变压器相连接的控制电缆、有载分接开关机构箱，均属于变压器范围。变压器的无励磁分接开关、有载分接开关均属于变压器范围
电抗器	（1）电抗器电流回路的接线板以内部分以及与电抗器相连的部分引流线（包括线夹），属于电抗器范围。 （2）电抗器其他部分的界限划分，可参照变压器的相关内容
断路器	（1）断路器一次主回路的接线板以内部分以及与断路器相连的部分引流线（包括线夹），属于断路器范围。 （2）断路器操动机构以机构箱的出线端子排为界，端子排以内部分，属于断路器范围
电流互感器	（1）电流互感器一次主回路的接线板以内部分以及与电流互感器相连的部分引流线（包括线夹），属于电流互感器范围。 （2）电流互感器二次引出端子排（板）以内部分，属于电流互感器范围
电压互感器	（1）电压互感器一次主回路的接线板以内部分以及与电压互感器相连的部分引流线（包括线夹），属于电压互感器范围。 （2）电压互感器二次引出端子排（板）以内部分，属于电压互感器范围
避雷器	（1）避雷器一次主回路的接线板以内部分以及与避雷器相连的部分引流线（包括线夹），属于避雷器范围。 （2）避雷器的放电计数器和泄漏电流表，均属于避雷器范围
隔离开关	（1）隔离开关一次主回路的接线板以内部分（含接地开关）以及与隔离开关相连的部分引流线（包括线夹），属于隔离开关范围。 （2）隔离开关（含接地开关）操动机构以机构箱的出线端子排为界，端子排以内部分属于隔离开关范围
组合电器	（1）组合电器一次主回路进出线的终端套管接线板或电缆桶（不包括进出线的电缆头）以内部分以及与组合电器相连的部分引流线，属于组合电器范围。 （2）安装在组合电器本体上的非电气量保护装置、套管电流互感器、电压互感器的二次引出线以组合电器本体端子箱内的出线端子排为界，出线端子排以内部分，属于组合电器范围。 （3）组合电器内断路器、隔离开关操动机构以机构箱的出线端子排为界，端子排以内部分，属于组合电器范围。

设施	统计范围
组合电器	组合电器通常以"套"作为计算单位。按照具体实现功能的不同，组合电器又分为不同种类的"间隔"，具体如下： （1）出线间隔。线路断路器母线侧隔离开关（含母线侧隔离开关）以下站内设备，包括断路器及两侧隔离开关、接地开关、快速接地开关、电压互感器、电流互感器、避雷器、分支母线、套管等。 （2）变压器间隔。连接变压器的断路器母线侧隔离开关（含母线侧隔离开关）以下的站内设备，包含连接至变压器的断路器及两侧隔离开关、接地开关、电压互感器、电流互感器、避雷器、分支母线、套管等。 （3）母联（分段）开关间隔。包括母线连接（分段）断路器及两侧隔离开关、接地开关、电流互感器等。 （4）一个半断路器接线中开关间隔。包括一个半断路器接线的中间断路器及两侧隔离开关、接地开关、电流互感器、两侧套管等。 （5）不完整间隔。包括一个半断路器接线不完整串待扩建边开关预留的隔离开关、接地开关，单双母线接线进出线扩建接口预留的隔离开关、接地开关等。 （6）桥开关间隔。包括桥型接线的连接断路器及两侧隔离开关、接地开关、电流互感器等。 （7）母线间隔。包括主母线、与主母线直接相连的电压互感器、避雷器、接地开关等母线设备
电缆	（1）电缆与变电站内设备的分界点，以电缆终端（电缆头）的接线板为界，该接线板（包括接线板）以内部分，属于电缆范围。 （2）电缆与架空线路的分界点，以电缆与架空线路连接的接线板为界，电缆头接线板以内部分（包括架空线路的设备线夹），属于电缆范围
架空线路	（1）架空线路与变电站内设备的分界点，以架空线路进线档导线变电站侧的设备线夹为界，该设备线夹以内部分（不包括该设备线夹），属于架空线路范围。 （2）架空线路与电缆的分界点，以架空线路与电缆连接的设备线夹为界，架空线路的设备线夹以内部分（但不包括架空线路的设备线夹），属于架空线路范围。 （3）架空线路上所安装的线路避雷装置等设施，包括架空地线、架空地线光缆（OPGW），属于架空线路范围。全介质自承式光缆（ADSS）不统计在线路范围内
母线	（1）母线设备单元应包括母线主导线、母线支持绝缘子（或悬式绝缘子）、金具（连接金具、支持绝缘子金具、引线金具）、接地装置、母线架空地线以及与母线连接的引下线。 （2）非设备制造厂配套提供的支持绝缘子、悬式绝缘子（或固定件）也包含在母线设备单元内。管型母线两端的接地装置、母线与剪刀式隔离开关静触头部分连接金具，属于母线设备。剪刀式隔离开关静触头部分属于隔离开关，不属于母线设备
换流变压器	换流变压器是直流输电工程中至关重要的关键设备，是交、直流输电系统中的整流、逆变两端接口的核心设备。换流变压器的组成结构和普通的电力变压器基本相同，变压器设备单元除变压器本体外，还包括冷却器、风控箱、气体继电器、非电气量保护装置、有载分接开关等
换流阀	换流阀是直流输电工程的核心设备，将交流电变换成直流电，或者把直流电变换成交流电，通常包括6脉动换流阀和12脉动换流阀。换流阀通常由晶闸管、阻尼电容、均压电容、阻尼电阻、均压电阻、饱和电抗器、晶闸管控制单元等部件组成
阀冷系统	阀冷系统是换流阀的一个重要组成部分，将阀体上各元器件的功耗发热量排放到阀厅外，保证换流阀运行温度在正常范围内。阀冷系统分为内冷水系统和外冷水系统以及相应的阀冷却控制系统：内冷水系统一般包括循环泵、补水泵、补水箱、离子交换器及过滤器、电磁阀等部件；外冷水系统一般包括冷却塔、喷淋泵、冷却风扇、外冷水池及补水系统等

设施	统计范围
直流转换开关	直流转换开关是用于将高压直流输电系统中的直流运行电流从一个运行回线转换到另一个运行回线的开关装置。直流转换开关一般可分为有源型和无源型两类；无源型直流转换开关一般包括开断装置、转换电容器和避雷器，有时还有电抗器；有源型直流转换开关还包括单极关合开关和充电装置
直流断路器	直流断路器是能够关合、承载和开关高压直流输电系统中的直流运行电流，并能在规定的时间内关合、承载和开断异常回路条件（如短路条件）下的电流的开关装置。直流断路器典型的型式包括机械式、电力电子式和混合式；机械式直流断路器一般包括开断装置、换流电容器、换流电抗、换流开关和避雷器；电力电子式直流断路器一般包括电力电子元件和避雷器；混合式直流断路器一般包括快速机械隔离开关、辅助直流开关、主直流开关和避雷器

3.2

使用状态 active state

输变电设施移交使用单位运行维护的状态。

【条文释义】该定义在 DL/T 837—2020《输变电设施可靠性评价规程》中"使用 active：设施自投产之日起，即作为统计对象进入使用状态。使用状态分为可用状态和不可用状态。"的基础上进行了修改。考虑到"投产之日"说法较为模糊，进一步明确了输变电设施的使用状态为输变电设施移交使用单位后进行运行维护的状态，即输变电设施处于发挥规定功能的状态或出现故障或维修，不能完成规定功能的状态。

输变电设施移交给使用单位后，即使没有运行而处于维护的状态，也处于使用状态。

3.2.1

可用状态 available state

输变电设施能够完成规定功能的状态。

［来源：GB/T 2900.99—2016，192－02－01，有修改］

【条文释义】该定义在 GB/T 2900.99—2016《电工术语　可信性》中 192-02-01"（产品的）可用状态　up state；available state：产品能完成所要求的功能的状态。"的基础上进行了修改。

本导则中的可用状态与 DL/T 837—2020《输变电设施可靠性评价规程》中"可用　available：设施处于能够完成预定功能的状态，分为运行状态和备用状态。"以及 T/CEC 479—2021《直流输变电设施可靠性评价规程》中"可用　available：设施处于能够完成预定功能的状态，分为运行状态和备用状态。运行状态是设施与电网相连接，带电并处于工作的状态。备用状态是设施可用，但不在运行的状态，分为调度停运备用状态和受累备用状态。"的定义相对应并进行了精简，强调"可用"为输变电设施能够完成规定功能。可用状态具体又分为运行状态和备用状态。

注意使用状态与可用状态的区别：设施移交给使用单位后就处于使用状态，即使此时设施没有运行而处于维护状态；而可用状态指输变电设施能够运行并完成规定功能，如果处于维护状态则不算为可用状态。

当输变电设施可用状态不易判断时，应以设施能否完成规定功能为标准。例如，断路器的规定功能为：在规定的运行环境下，在预定时间内，接通和连续承受正常电流、开断电路正常电流以及短路时承受和切断规定的非正常电流的规定功能。如果线路出现故障，线路保护动作而断路器出现拒分，此时断路器在合闸位置，但它已不能实现规定的切断短路电流的功能，因此不处于可用状态。

3.2.1.1

运行状态　in service state

输变电设施发挥规定功能的状态。

［来源：GB/T 2900.99—2016，192-02-04，有修改］

【条文释义】该定义在 GB/T 2900.99—2016《电工术语　可信性》中 192－02－04 "（产品的）工作状态　operating state：产品执行要求的状态。" 定义及 DL/T 837—2020《输变电设施可靠性评价规程》中 "运行　in service：设施与电网相连，并处于带电的状态。" 的基础上进行了修改。

输变电设施是否处于运行状态的判断依据是能否发挥规定的功能。

例如：断路器处于热备用状态（自身断开，两侧动静触头均带电），断路器能够发挥规定的功能，视为运行状态。

例如：输电线路一侧带电，另外一侧断路器断开（充电空载），线路和断路器均与电网相连且带电，为运行状态。

例如：母线侧隔离开关，母线间隔检修时隔离开关拉开，但与母线相连的隔离开关因为母线正常运行静触头仍然带电，隔离开关处于运行状态；如果该母线检修，母线的电源已经断开，母线上的接地开关闭合，虽然隔离开关已经失电，但仍然发挥规定的功能，也应视为运行状态。

3.2.1.2

备用状态　reserve shutdown state

输变电设施可用，但未发挥规定功能的状态。

【条文释义】该状态定义与 DL/T 837—2020《输变电设施可靠性评价规程》中 "备用　reserve shutdown：设施可用，但不在运行的状态，分为调度停运备用状态和受累备用状态。" 的定义相对应，仅表述方式不同。

备用状态是指设施可用，但不在运行状态不能发挥规定功能的状态。可靠性管理按照引起设备不能发挥规定功能的原因，将其具体分为调度备用状态和受累备用状态。

3.2.1.2.1

调度备用状态　dispatching reserve shutdown state

由于电网运行方式的需要，输变电设施处于备用的状态。

【条文释义】该状态定义与 DL/T 837—2020《输变电设施可靠性评价规程》中"调度停运备用　dispatching reserve shutdown：设施本身可用，但因系统运行方式的需要，由调度命令而备用者。"的定义相对应。"调度"是为了保证电网安全稳定运行、对外可靠供电、各类电力生产工作有序进行而采用的一种有效的管理手段，为管理要求，不适用于技术文件，因此本导则在原"调度停运备用"定义基础上进行了修改。

处于调度备用状态的设施可用，但不在运行状态，由调度下令退出运行而备用。

例如：某变电站的 B 变压器因电网运行方式的需要，由调度下令由运行状态转为热备用后，变压器处于调度备用状态。

3.2.1.2.2

受累备用状态　passive reserve shutdown state

输变电设施出现停运，使存在电气联系的关联输变电设施处于备用状态。

【条文释义】该状态定义在 DL/T 837—2020《输变电设施可靠性评价规程》中"受累备用　passive reserve shutdown：设施本身可用，但因相关设施的停运而被迫退出运行状态者。"的基础上，对相关设施进行了更精确的说明，指存在电气联系的关联输变电设施。此状态下，设施本身可用，但因与其存在电气联系的关联输变电设施的停运而被迫退出运行状态。

对设施是否处于受累备用状态进行判断时，需要注意的重点事项如下：

（1）输变电设施在检修作业时会产生备用停运事件，包括检修前、后的受累备用。

例如：某线路停电检修，而该线路相关断路器、隔离开关等设施本身无工作，此时该线路相关断路器和隔离开关处于受累备用状态。

（2）在二次设备、通信远动设备改造期间，若一次输变电设施未进行检修工作，则相关输变电设施处于受累备用状态。

（3）由于人员责任误碰、误操作或继电保护、自动装置非正确动作（包括拒动和误动），二次回路、远动或通信设施异常等引起的输变电设施停运，如果输变电设施未损坏，则设施处于受累备用状态。

例如：变压器由于继电保护误动作造成变压器跳闸，未发生相关输变电设施损害，变压器及进线侧断路器等受影响的设施处于受累备用状态；但如果发生了损坏，则按第一类非计划停运统计。

（4）由于其他电力设施故障引起的输变电设施停运，若设施未发生损坏也未进行试验和检查，则设施处于受累备用状态。

例如：一个断路器出线间隔，由于线路故障，断路器跳闸，若断路器未发生损坏也未进行试验和检查，则断路器处于受累备用状态。

例如：A 线路发生施工碰线故障，由于继电保护拒动，引起其上级线路 B 线路越级跳闸，B 线路巡线（未停电登杆）后无异常，则 B 线路处于受累备用状态。

例如：变电站进线跳闸，备用电源自动投入装置未动作或动作失败，站内其他设备未进行任何操作，此时进线电源所在母线及母线上所有设备均处于失电状态，处于受累备用状态；如果备用电源自动投入装置动作成功，则进线电源所在的母线及母线上所有设备瞬间失电后又恢复运行，站内设备未进行任何操作，则不统计停运事件。

（5）对于一个设备间隔的综合检修，没有进行检修作业的其他输变电设施处于受累备用状态。

（6）对于分段管理的线路，如果发生计划停运，其他线路段的运行维护单位若未开展检修时，其他线路段处于受累备用状态；如果发生非计划停运，非故障点所在线路段处于受累备用状态；同杆并架的线路一条按照计划停运进行检修，另一条同步停运，同步停运的线路处于受累备用状态。

3.2.2

不可用状态　**unavailable state**

输变电设施出现故障或维修，不能完成规定功能的状态。

【条文释义】该状态定义与 DL/T 837—2020《输变电设施可靠性评价规程》中"不可用　unavailable：设施不论何种原因引起不能完成预定功能的状态，分为计划停运状态和非计划停运状态。"的定义相对应，进一步具体指明输变电设施的不可用状态是由于设施出现故障或维修引起的。

不可用状态是由于设施出现故障或维修引起的，输变电设施不能完成规定功能，处于停止运行的状态，又细分为计划停运状态和非计划停运状态。

3.2.2.1

计划停运状态　**planned outage state**

输变电设施处于按照指定的时间表停止发挥规定功能的状态。

【条文释义】该状态定义与 DL/T 837—2020《输变电设施可靠性评价规程》中"计划停运　planned outage：在年度、季度、月度检修计划上安排的停运状态，分为大修、小修、试验、清扫和改造施工。"以及 T/CEC 479—2021《直流输变电设施可靠性评价规程》中"计划停运　planned outage：在年度、季度、月度检修计划上安排的停运状态，分为大修、小修、试验、清扫和改造施工。大修停运是在年度检修计划上安排的检修时间较长的计划停运。小修停运是在年度、季度、月度检修计划上安排的检修时间相对较短的计划停运。"的定义相对应并进行了精简，强调"计划"即按照指定的时间表，"停运"指输变电设施停止发挥规定功能。

计划停运可以根据生产实际，指定时间表（可以是年度、季度、月度检修计划）来安排停运。计划停运状态具体分为大修停运状态、小修停运状态、试验停运状态、清扫停运状态、改造施工停运状态，共 5 种计划停运状态。

计划停运事件包括正常停运事件和特殊停运事件：正常停运事件包括日常生产中列入检修计划（指年度、季度、月度检修计划，不包括周计划）的设施整体性检修、局部检修、常规性检查、消缺性检修、设施改造，在可靠性管理中将这些事件分为大修、小修、试验、清扫、改造；特殊停运事件包括无励磁调压变压器调分接头、母线接火（搭头）、线路搭接等。

判断计划停运状态和非计划停运状态的依据是该停运是否纳入年度、季度、月度检修计划。对于输变电设施，周检修计划增补安排的停运，应按非计划停运处理。

在二次设备改造期间，如果对一次设施进行了列入年度、季度、月度计划的检修，相关停运设备也为计划停运状态。

3.2.2.1.1

大修停运状态　major repair outage state

输变电设施处于整体修理、更换或修复重要零部件、校正并恢复输变电设施原有的性能等计划停运状态。

【条文释义】该状态定义在 DL/T 837—2020《输变电设施可靠性评价规程》中"大修停运　planned outage 1：在年度检修计划上安排的检修时间较长的计划停运。"的基础上进行了较大的修改。考虑到原定义中"时间较长"表达不明确，结合输变电设施大修的工作内容和目的对大修停运状态进行了重新定义并修改了英文对应词，表达更精准、更符合生产实际。该定义明确指出输变电设施大修是对设施进行整体修理，更换或修复重要零部件，目的是校正并恢复设施原有性能。

部分主要输变电设施大修停运事件对照表见表 3−2。

　　　　　　　　　部分主要输变电设施大修停运事件对照表

设施	子部件	大修停运事件
变压器	绕组	本体现场吊罩，本体现场吊心，本体返厂修理，本体内部部件修理
断路器	本体	操动机构更换，本体现场整体解体，本体返厂修理
电抗器	绕组	本体现场吊罩，本体现场吊心，本体返厂修理，本体内部部件修理
隔离开关	载流部分	导电动、静触头现场部分解体，导电接线连接端子现场部分解体
电流互感器	本体	现场解体检修，返厂修理
电压互感器	本体	现场解体检修，返厂修理
避雷器	本体	避雷器气室更换，现场整体解体，返厂修理
架空线路	导线	导线更换
	地线	架空地线更换，增加架空地线，增加通信光缆，增加耦合地线
	绝缘子	绝缘子大规模更换
电缆线路	电缆本体	电缆分段更换，配合道路扩建、房产建设移位
组合电器	断路器	灭弧气室更换，现场整体解体，返厂修理，现场部分解体
	隔离开关	隔离开关气室更换，现场整体解体，现场解体检修，返厂修理
	接地开关	接地开关气室更换，腐蚀、锈蚀严重，现场整体解体，现场解体检修，返厂修理
	快速接地开关	快速接地开关气室更换，腐蚀、锈蚀严重，现场整体解体，现场解体检修，返厂修理
	电流互感器	电流互感器气室更换，现场整体解体，现场解体检修，返厂修理
	电压互感器	电压互感器气室更换，现场整体解体，现场解体检修，返厂修理
	避雷器	避雷器气室更换，现场整体解体，返厂修理
	操动机构	操动结构更换，现场整体解体，返厂修理
母线	母线	连接母线的引流线检修、调换

3.2.2.1.2

小修停运状态　minor repair outage state

输变电设施处于局部修理、更换或修复普通零部件、调整部分机构和精度、校正并恢复输变电设施原有的性能等计划停运状态。

【条文释义】该状态定义在 DL/T 837—2020《输变电设施可靠性评价规程》中"小修停运 planned outage 2：在年度、季度、月度检修计划上安排的检修时间相对较短的计划停运。"的基础上进行了较大的修改。考虑到"时间相对较短"表达不明确，结合输变电设施小修的工作内容和目的对小修停运状态进行了重新定义并修改了英文对应词，表达更精准、更符合生产实际。该定义明确指出输变电设施小修是对设施进行局部修理、更换或修复普通零部件、调整部分机构和精度，目的是校正并恢复设施原有性能。

部分主要输变电设施小修/非计划停运事件对照表见表 3-3。

表 3-3　　　部分主要输变电设施小修/非计划停运事件对照表

设施	子部件	小修/非计划停运事件
变压器	高、中、低压引线	引线接头发热，引线松股，引线断股，引线线夹发热，引线风偏过大，年检预试
	分接开关	无励磁分接开关轴封处渗油，有载分接开关电动机构操作异常，传动轴有异常声响，齿轮盒渗油，绝缘筒内渗，绝缘油更换
	铁心	铁心多点接地，年检预试
	套管	套管接线桩头与线夹连接处过热，套管将军帽内过热，套管渗漏油，油位看不见，油位偏高，油位偏低，升高座及电流互感器渗漏油，升高座及电流互感器二次接线盒渗漏油，年检预试
	冷却器	风扇电机不转，冷却器投切异常，风扇电机投切异常，辅助冷却器投切异常，备用冷却器投切异常，冷却器Ⅰ、Ⅱ段工作电源投切异常，空气开关合不上，交流接触器合不上，控制回路发异常信号，油泵渗油，油泵有异常声响，油流计指针抖动，风控箱进水，散热器渗油，冷却器渗油，导油管渗油，年检预试
	储油柜	储油柜油位偏高，油位偏低，油位与温度指示不符，油位异常信号频发，渗漏油，年检预试
	绝缘油	油色谱异常，油质变黑，绝缘油受潮，本体现场干燥处理，本体现场绝缘油处理，年检预试
	油箱	本体渗油，本体漏油，年检预试
	附件	吸湿器硅胶变色，吸湿器油杯挂油珠，吸湿器油杯脏，气体继电器更换，取气盒更换，气体继电器动作，气体继电器内有气体，气体继电器取气盒内有气体，气体继电器渗漏油，气体继电器至取气盒引下管渗漏油，温度计指示不准，温度计内有水汽，温度计玻璃有裂纹，温度计表面模糊不清，温度计更换，温包渗油，压力释放阀渗漏油，压力释放阀动作，压力突变继电器渗漏油，压力释放阀更换，压力突变继电器更换，阀门更换，蝶阀渗漏油，球阀渗漏油，阀门开关位置不满足要求

设施	子部件	小修/非计划停运事件
断路器	灭弧室	灭弧室现场部分解体，灭弧室、支柱内部部件修理、调换，现场部分解体调换吸附剂，灭弧室、支柱现场换油处理，本体现场干燥处理，现场SF$_6$气体干燥处理，SF$_6$气体低气压报警或闭锁，现场绝缘油处理，内部缺陷排查，红外检测数据异常，局部过热，本体渗油、漏油、漏气、声音异常，本体内或本体外绝缘闪络
	操动机构	现场部分元件整体调换，改造，现场整体解体，返厂修理，内部部件修理，年检预试，油、气压力指示异常，液压机构渗油（外渗），液压机构漏油（外漏），后台状态与现场不符，结构箱进水
	本体其他部件	合闸电阻调换，均压电容器调换，密度继电器更换，均压电容器渗油，均压电容器外绝缘体破损
	辅助部件	引线接头发热，引线松股，引线断股，引线线夹发热，储能电机、合闸弹簧、合闸电阻等部件维修或更换
电抗器	高、中、低压引线	引线接头发热，引线线夹发热，引线松股，引线断股，引线风偏过大，年检预试
	铁心	铁心多点接地，年检预试
	套管	套管接线桩头与线夹连接处过热，套管将军帽内过热，套管渗漏油，油位看不见，油位偏高，油位偏低，升高座及电流互感器渗漏油，升高座及电流互感器二次接线盒渗漏油，年检预试
	冷却器	风扇电机不转，冷却器投切异常，风扇电机投切异常，辅助冷却器投切异常，备用冷却器投切异常，冷却器Ⅰ、Ⅱ段工作电源投切异常，空气开关合不上，交流接触器合不上，控制回路发异常信号，油泵渗油，油泵有异常声响，油流计指针抖动，风控箱进水，散热器渗油，冷却器渗油，导油管渗油，年检预试
	储油柜	储油柜油位偏高，油位偏低，油位与温度指示不符，油位异常信号频发，渗漏油，年检预试
	绝缘油	油色谱异常，油质变黑，绝缘油受潮，本体现场干燥处理，本体现场绝缘油处理，年检预试
	油箱	本体渗油，本体漏油，年检预试
	附件	吸湿器硅胶变色，吸湿器油杯挂油珠，吸湿器油杯脏，气体继电器更换，取气盒更换，气体继电器动作，气体继电器内有气体，气体继电器取气盒内有气体，气体继电器渗漏油，气体继电器至取气盒引下管渗漏油，温度计指示不准，温度计内有水汽，温度计玻璃有裂纹，温度计表面模糊不清，温度计更换，温包渗油，压力释放阀渗漏油，压力释放阀动作，压力突变继电器渗漏油，压力释放阀更换，压力突变继电器更换，阀门更换，蝶阀渗漏油，球阀渗漏油，阀门开关位置不满足要求
隔离开关	载流部分	导电回路导电流部件调换，局部过热，红外检测数据异常，引线接头发热，腐蚀、锈蚀严重，预防性试验
	传动机构	合闸不到位，分闸不到位，分、合闸失灵，腐蚀、锈蚀严重，支柱转轴，预防性试验
	操动机构	控制回路异常，机构箱进水，电磁锁调换，后台状态与现场不符，电机异常，操动机构现场部分元件整体调换，改造，内部部件修理，现场整体解体，腐蚀、锈蚀严重，预防性试验

设施	子部件	小修/非计划停运事件
隔离开关	绝缘部分（支柱绝缘子）	外绝缘闪络，绝缘子破损，绝缘子调换，预防性试验
	接地开关	分、合闸不到位，分、合闸失灵，控制回路异常，机构箱进水，电磁锁调换，后台状态与现场不符，电机异常，操动机构现场部分元件整体调换，操动机构改造，操动机构内部部件修理，支柱转轴，操动机构现场整体解体，腐蚀、锈蚀严重，预防性试验
电流互感器	本体	现场绝缘油处理，内部缺陷排查，局部过热，渗油，漏油，膨胀器指针卡涩，油位偏高，油位偏低，有异常声音，外绝缘污闪，油漆剥落，储油柜胶囊或隔膜改造，加装金属膨胀器，变比更改，取样阀更换，加装在线监测装置，腐蚀、锈蚀严重，年检预试，检修，跟踪对比试验，取油样，取气体
	引线	引线接头发热，引线线夹发热，引线松股，断股
电压互感器	本体	现场绝缘油处理，内部缺陷排查，局部过热，渗油，漏油，膨胀器指针卡涩，油位偏高，油位偏低，有异常声音，外绝缘污闪，油漆剥落，储油柜胶囊或隔膜改造，加装金属膨胀器，取样阀更换，加装在线监测装置，电容单元渗油，电磁装置渗油，气体压力低，漏气，取油样，取气体，红外测温，气体压力低发信，腐蚀、锈蚀严重，年检预试，检修，跟踪对比试验
	引线	引线接头发热，引线松股，引线断股，引线线夹发热
避雷器	本体	泄漏电流超标处理，导电回路导电通流部件调换，预防性试验
	附件	泄漏电流表更换，泄漏电流表屏蔽环安装，支持绝缘子破损更换，连接线或端子松动，预防性试验
架空线路	导线	导线修补，切断重接，调整，引流线更换，引流线修补
	杆塔	塔材更换，塔材加装，拆除异物，具体包括：钢管杆塔材更换，钢管杆塔材加装，钢管杆横担更换，钢管杆吊杆更换，钢管杆吊杆加装，钢管杆爬梯更换，钢管杆梯加装，钢管杆防坠装置更换，钢管杆防坠装置加装，钢管杆吊杆加装，钢管杆螺栓更换，钢管杆螺栓加装，钢管杆拆除异物，混凝土杆横担更换，混凝土杆吊杆更换，混凝土杆吊杆加装，混凝土杆吊杆调整，混凝土杆水平拉杆调整，混凝土杆斜拉杆调整，混凝土杆爬梯更换，混凝土杆爬梯加装，混凝土杆防坠装置更换，混凝土杆防坠装置加装，混凝土杆叉梁更换，混凝土杆内拉线更换，混凝土杆内拉线加装，混凝土杆内拉线调整，混凝土杆拆除异物
	绝缘子	绝缘子加装，绝缘子调整，绝缘子喷涂室温硫化硅橡胶（RTV）
	金具	悬垂线夹更换，悬垂线夹调整，耐张线夹更换，耐张线夹调整，联结金具更换，接续金具更换，接续金具补装，接续金具调整，防护金具调整，防护金具更换，螺栓更换，螺栓补装，螺栓紧固，R销、W销更换
	其他	拉线加装，拉线更换，拉线调整，拉棒更换，拉线金具更换，监控设备安装、更换或补修，避雷器安装、更换或补修，ADSS光缆敷设、补修
电缆线路	电缆本体	电缆分段更换，包括主绝缘耐压试验达不到标准要求、本体质量存在问题、达到使用年限，中间接头加装或更换，本体测试，接地系统测试，避雷器测试，本体主绝缘电阻不合格，本体外护套破损、龟裂，接地系统消缺处理，供油装置消缺处理，环氧外壳消缺处理，密封胶消缺处理，接头底座（支架）消缺处理，接地铜编织带消缺处理，铜外壳消缺处理，监测仪（计数器）消缺处理，避雷器消缺处理

设施	子部件	小修/非计划停运事件
电缆线路	终端	终端头更换，终端套管消缺处理，密封装置消缺处理，法兰盘消缺处理，支持绝缘子消缺处理
	附属设施	设备线夹消缺处理
组合电器	断路器	现场部分解体调换吸附剂，内部部件修理、调换，密度继电器更换，检修，SF_6气体低气压报警或闭锁，内部缺陷排查，红外检测数据异常，漏气，声音异常，内绝缘闪络，腐蚀、锈蚀严重，检修，年检预试，跟踪对比试验，绝缘、电气性能试验，SF_6气体测试
	隔离开关	现场部分解体调换吸附剂，内部部件修理、调换，密度继电器更换，现场 SF_6气体干燥处理，SF_6气体低气压报警或闭锁，内部缺陷排查，红外检测数据异常，漏气，声音异常，内绝缘闪络，腐蚀、锈蚀严重，检修，年检预试，跟踪对比试验，绝缘、电气性能试验，SF_6气体测试
	接地开关	现场部分解体调换吸附剂，内部部件修理、调换，密度继电器更换，现场 SF_6气体干燥处理，SF_6气体低气压报警或闭锁，内部缺陷排查，红外检测数据异常，漏气，声音异常，内绝缘闪络，检修，年检预试，跟踪对比试验，绝缘、电气性能试验，SF_6气体测试
	快速接地开关	现场部分解体调换吸附剂，内部部件修理、调换，密度继电器更换，现场 SF_6气体干燥处理，SF_6气体低气压报警或闭锁，内部缺陷排查，红外检测数据异常，漏气，声音异常，内绝缘闪络，检修，年检预试，跟踪对比试验，绝缘、电气性能试验，SF_6气体测试
	母线	母线气室更换，现场整体解体，现场解体检修，返厂修理，现场部分解体调换吸附剂，内部部件修理、调换，密度继电器更换，腐蚀、现场 SF_6气体干燥处理，SF_6气体低气压报警或闭锁，内部缺陷排查，红外检测数据异常，漏气，声音异常，内绝缘闪络，锈蚀严重
	电流互感器	电流互感器气室更换，现场整体解体，现场解体检修，返厂修理，现场部分解体调换吸附剂，内部部件修理、调换，密度继电器更换，现场 SF_6气体干燥处理，SF_6气体低气压报警或闭锁，内部缺陷排查，红外检测数据异常，漏气，声音异常，内绝缘闪络，腐蚀、锈蚀严重，检修，年检预试，跟踪对比试验，绝缘、电气性能试验，SF_6气体测试
	电压互感器	电压互感器气室更换，现场整体解体，现场解体检修，返厂修理，现场部分解体调换吸附剂，内部部件修理、调换，密度继电器更换，现场 SF_6气体干燥处理，SF_6气体低气压报警或闭锁，内部缺陷排查，红外检测数据异常，漏气，二次电压异常，声音异常，内绝缘闪络，腐蚀、锈蚀严重，检修，年检预试，跟踪对比试验，绝缘、电气性能试验，SF_6气体测试
	避雷器	避雷器气室更换，现场整体解体，返厂修理，现场部分解体调换吸附剂，内部部件修理、调换，密度继电器更换，泄漏仪更换，泄漏仪及计数器更换，现场 SF_6气体干燥处理，SF_6气体低气压报警或闭锁，内部缺陷排查，红外检测数据异常，漏气，泄漏电流增大，异常放电声，内绝缘闪络，腐蚀、锈蚀严重，检修，年检预试，跟踪对比试验，SF_6气体测试

设施	子部件	小修/非计划停运事件
避雷器	电缆终端	现场 SF_6 气体干燥处理，SF_6 气体低气压报警或闭锁，内部缺陷排查，红外检测数据异常，漏气，声音异常，内绝缘闪络，腐蚀、锈蚀严重，电缆检修，电缆年检预试，跟踪对比试验，绝缘、电气性能试验，SF_6 气体测试
	户外出线套管	引线接头发热，引线松股，引线放电，线夹发热，腐蚀、锈蚀严重
	操动机构	内部部件修理，现场部分元件整体调换，操动机构改造，机构压力异常报警，储能电机频繁启动，油、气压力指示异常，液压机构渗油（外渗），液压机构漏油（外漏），气动机构漏气（外漏），后台状态与现场不符，腐蚀、锈蚀严重
母线	母线	热缩套安装，接头发热，引流线发热，母线弯曲，管型母线变形，母线断股，软母线弧垂超标
	绝缘	母线绝缘子放电，年度清扫，年度试验
	金具	金具腐蚀，调换

3.2.2.1.3

试验停运状态   test outage state

输变电设施处于试验技术性能、预定功能的计划停运状态。

【条文释义】该状态定义在 DL/T 837—2020《输变电设施可靠性评价规程》中"试验停运   test outage：事先经主管部门批准对各类设施进行试验的停运。"的基础上进行了修改，从技术角度明确了试验是对输变电设施的技术性能、预定功能进行试验，此时输变电设施处于计划停运状态。

对设施是否处于试验停运状态进行判断时，需要遵循以下原则：

（1）试验停运状态属于计划停运状态的一种，因此必须也要列入年度、季度、月度检修计划。

例如：变压器停运进行在年度检修计划上安排的铁心（带有引外接地）绝缘试验，变压器处于试验停运状态。

例如：变压器按月度计划停电进行"调无励磁分接开关分接头"工作，由于无励磁调压变压器调分接头后应进行直流电阻的测量，因此可靠性管理中将无励磁调压变压器调分接头事件按试验停运统计，变压器处于试验停运状态。

例如：GIS 组合电器进行年检预试，对灭弧气室进行常规性检修，GIS 组合电器处于试验停运状态。

例如：断路器本体无检修或试验工作，仅为检验保护系统进行的传动试验或者对长期处于备用状态的断路器进行动作试验，该断路器处于试验停运状态。

例如：阀冷系统按照年度检修计划，进行主循环泵电机定子绕组泄漏电流和直流耐压试验，阀冷系统处于试验停运状态。

（2）如果没有列入检修计划的试验，则不能按试验停运统计。

例如：线路故障后，相关变压器因发生近区短路而进行了绕组变形测试，由于没有列入年度、季度、月度检修计划，变压器停运应按非计划停运统计；如果该变压器绕组测试结果正常，则按照第三类非计划停运统计，如果测试结果异常，则按照第一类非计划停运统计。

3.2.2.1.4

清扫停运状态　clean outage state

输变电设施处于清扫外绝缘污秽的计划停运状态。

【条文释义】该状态定义与 DL/T 837—2020《输变电设施可靠性评价规程》中"清扫停运　clean outage：为清除设施外绝缘污秽进行的季节性停运。"的定义相对应，去除了"季节性"的限制，更符合生产实践。

例如：架空线路按照季度检修计划，进行停运对外绝缘子设备进行清洁，线路处于清扫停运状态。

3.2.2.1.5

改造施工停运状态　reform construction outage state

输变电设施处于因满足电网发展、配合基础设施建设等需要，对预定功能、结构、安装位置等规定性能进行调整的计划停运状态。

【条文释义】该状态定义在 DL/T 837—2020《输变电设施可靠性评价规程》中"改造施工停运 reform construction outage：由于基础设施建设或电网新建、扩建引起的线路迁移、调整对地距离、电缆化改造等施工改造，以及由于输变电设施功能、结构调整等改造施工引起的停运。"的基础上进行了修改，该状态定义对改造内容进行了高度概括，以适应电网的新发展和未来新输变电设施，更具开放性。

改造施工可细分为技术改造、电网建设和基础设施建设（包括市政、用户）需要进行的改造施工。

（1）技术改造是指利用成熟、先进、适用的技术、设备、工艺和材料等，对电力设施及相关辅助设施等进行更新、完善和配套，以提高其可靠性、安全性和经济性，满足智能化、节能、环保等要求。技术改造根据改造目的主要分为设备更新、增容扩容、技术升级等。

例如：变压器分接开关进行的返厂改造，有载分接开关改造，无励磁调压改有载调压，变压器冷却系统进行的风冷改自冷，冷却器改造，风控箱改造，变压器储油柜进行的储油柜改造，胶囊改造。

例如：电抗器套管进行的返厂改造，套管更换，套管升高座改造，冷却系统进行的风冷改自冷，冷却器改造，风控箱改造，储油柜进行的储油柜改造，储油柜胶囊改造，电抗器加装油色谱在线监测装置和有载在线滤油装置。

例如：架空线路的调爬、防风偏等方面的技术改造施工。

例如：母线搭头，加长和更换。

（2）电网建设需要进行的改造，主要是服务于扩大内需，加大基础设施的建设，进行科学规划以全面提升电网能力的建设。

（3）基础设施建设需要进行的改造，是指为了满足电网发展需要，配合电网建设工作进行的改造施工，如因铁路、公路建设和房地产开发等基础设施建设原因进行的线路改造施工。

例如：配合高速施工，对 220kV 线路杆塔进行升高。

3.2.2.2

非计划停运状态　unplanned outage state

输变电设施处于未按照指定的时间表停止发挥规定功能的状态。

【条文释义】该状态定义与 DL/T 837—2020《输变电设施可靠性评价规程》中"非计划停运　unplanned outage：设施处于不可用而又不是计划停运的状态，分为第一类非计划停运状态、第二类非计划停运状态、第三类非计划停运状态和第四类非计划停运状态。"以及 T/CEC 479—2021《直流输变电设施可靠性评价规程》中"非计划停运　planned outage：设施处于不可用且非计划停运的状态，分为第一类非计划停运状态、第二类非计划停运状态、第三类非计划停运状态和第四类非计划停运状态。"的定义相对应并进行了精简和凝练，表述更简洁、规范，明确指出非计划停运即未按照指定时间表停运。

根据设施从可用状态转变为不可用状态的时间长度，非计划停运状态分为第一类非计划停运状态、第二类非计划停运状态、第三类非计划停运状态和第四类非计划停运状态。

非计划停运事件主要是指日常生产中的异常停运事件：故障跳闸、故障拉停、未列入计划的设施消缺或检修。

3.2.2.2.1

第一类非计划停运状态　unplanned outage state 1

输变电设施处于从可用立即改变到不可用的非计划停运状态。

【条文释义】该状态定义与 DL/T 837—2020《输变电设施可靠性评价规程》中"第一类非计划停运　unplanned outage 1：设施立即从可用状态改变

到不可用状态。" 以及 T/CEC 479—2021《直流输变电设施可靠性评价规程》中"第一类非计划停运：设施立即从可用状态改变到不可用状态。"定义相对应，仅表述方式不同。

第一类非计划停运的判断标准为：① 该类停运未列入年度、季度、月度检修计划；② 设施立即从可用变为不可用。

对设施是否处于第一类非计划停运状态进行判断时，需要注意的重点事项如下：

（1）第一类非计划停运主要是指设备故障后继电保护动作跳闸，也包括开关类设备自身的拒动。

例如：某线路因为各种原因（如遭雷击）而引起的跳闸，该线路应标记为第一类非计划停运。其中，自动重合闸成功的事件记为第一类非计划停运一次，但是非计划停运持续时间记为 0；如果自动重合闸失败（或自动重合闸退出），无论手动强送是否成功，均按第一类非计划停运事件处理。

例如：断路器在切断故障线路时拒分，断路器不能发挥规定功能，为不可用状态，断路器处于第一类非计划停运状态。

例如：由于下级线路雷击跳闸过程中断路器拒分，越级到本级线路断路器跳闸，下级故障线路和断路器处于第一类非计划停运状态，本级线路及断路器处于受累备用状态；但如果下级线路雷击跳闸过程中由于本级线路保护与下级线路保护定值配合不当，越级到本级线路断路器跳闸，本级线路及下级故障线路均处于第一类非计划停运状态，而两级线路断路器处于受累备用状态。

（2）由于人员责任误碰、误操作或继电保护、自动装置非正确动作（包括拒动和误动），二次回路、远动或通信设施异常等引起设施的停运，应计受保护（或受控）的主设施第一类非计划停运一次；其他输变电设施未发生损坏的则按受累备用统计，如果发生损坏的，则按第一类非计划停运统计。

例如：因保护原理的缺陷，母线差动保护造成区外故障时误动作，则被保护母线应记为第一类非计划停运。

（3）由于其他电力设施故障引起的输变电设施停运设施发生损坏的应记为第一类非计划停运状态。

例如：一个断路器出线间隔，由于线路故障，断路器跳闸，若断路器有损坏，则记为第一类非计划停运。

3.2.2.2.2

第二类非计划停运状态   unplanned outage state 2

输变电设施处于虽非立即改变，但在 24h 以内从可用改变到不可用的非计划停运状态。

【条文释义】该状态定义与 DL/T 837—2020《输变电设施可靠性评价规程》中"第二类非计划停运 unplanned outage 2：设施虽非立即停运，但不能延至 24h 以后停运者（从向调度申请开始计时）。"以及 T/CEC 479—2021《直流输变电设施可靠性评价规程》中"第二类非计划停运：设施虽非立即停运，但不能延至 24h 以后停运者（向调度申请开始计时）。"的定义相对应，仅表述方式不同。

第二类非计划停运的判断标准为：① 该类停运未列入年度、季度、月度检修计划；② 输电设施没有立即从可用变为不可用，但是从可用变成不可用的时间不能超过 24h。通常指输变电设施发生了比较严重和紧急的缺陷，或者因为运行环境等引起的紧急停运。

例如：某线路发现重大或紧急缺陷，紧急拉停需立即处理，该线路记为第二类非计划停运。

例如：某断路器因 SF_6 气体压力低（未达到闭锁值），在向调度申请后，检修人员 24h 内进行了停电处理，则该断路器记为第二类非计划停运。

例如：隔离开关的动、静触头之间接触不良，引起发热，经调度批准对隔离开关即日停运进行消缺，该隔离开关记为第二类非计划停运。

例如：线路由于山火原因手动断开，线路自身并没有故障，线路记为第二类非计划停运。

3.2.2.2.3

第三类非计划停运状态　unplanned outage state 3

输变电设施处于延迟至 24h 以后，从可用改变到不可用的非计划停运状态。

【条文释义】该状态定义与 DL/T 837—2020《输变电设施可靠性评价规程》中"第三类非计划停运　unplanned outage 3：设施能延迟至 24h 以后停运。"以及 T/CEC 479—2021《直流输变电设施可靠性评价规程》中"第三类非计划停运：设施能延迟至 24h 以后停运。"的定义相对应，仅表述方式不同。

第三类非计划停运的判断标准为：① 该类停运未列入年度、季度、月度检修计划；② 设施没有立即从可用变为不可用，延迟至 24h 后停运。

对设施是否处于第三类非计划停运状态进行判断时，需要注意的重点事项如下：

（1）第三类非计划停运通常是指设备因缺陷、运行环境、计划不周或其他设备故障引起的临时停运。

例如：某设施发生了一般缺陷，在无法延迟至申报下月度停电计划的情况下，检修人员在发现缺陷 24h 后对该设施进行了停运处理，则该设施记为第三类非计划停运。

（2）由于其他电力设施故障引起输变电设施停运，对设施进行了年度、季度、月度计划外的试验和检查，设备未发生损坏，记为第三类非计划停运。

例如：线路故障后，因为变压器发生近区短路而进行了未列入年度、季度、月度检修计划的绕组变形测试，测试结果正常，则变压器记为第三类非计划停运。

（3）未列入年度、季度、月度检修计划，仅列入周检修计划或其他计划不周引起的设施停运，记为第三类非计划停运。

3.2.2.2.4

第四类非计划停运状态　unplanned outage state 4

输变电设施处于超出计划停运预定结束时刻的状态。

【条文释义】该状态定义与 DL/T 837—2020《输变电设施可靠性评价规程》中"第四类非计划停运　unplanned outage 4：对计划停运的各类设施，若不能如期恢复其可用状态，则超过预定计划时间的停运部分记为第四类非计划停运。计划停运时间为调度最初批准的停运时间。处于备用状态的设施，经调度批准进行检修工作的停运，也应记为第四类非计划停运。"以及 T/CEC 479—2021《直流输变电设施可靠性评价规程》中"第四类非计划停运：对计划停运的各类设施，若不能如期恢复其可用状态，则超过预定计划时间的停运部分记为第四类非计划停运。计划停运时间为调度最初批准的停运时间。"的定义相对应，并在此定义基础上进行了高度概括和精炼。

第四类非计划停运指的是计划停运的设施不能如期恢复其可用状态，超过预定计划时间的停运部分。无论是处理缺陷还是计划不周、检修组织不充分或天气原因等造成的延迟送电，对计划停运的各类设施，若不能如期恢复其可用状态，则超过预定计划时间的停运部分都应记为第四类非计划停运，在调度批准工作时间内的工作按计划停运事件统计。

例如：某线路按照季度计划停运进行导线调整工作，而工作票中的实际结束时间超过了工作票中的计划结束时间，则该线路在计划开始时间和计划结束时间的时间段处于小修停运状态，在计划结束时间和实际结束时间的时间段处于第四类非计划停运状态。

例如：变压器进行预防性试验过程中发现缺陷，由于处理缺陷而造成变压器延迟送电，变压器超过预定计划时间的停运部分记为第四类非计划停运。

本导则中该定义虽未提及，但是也归于第四类非计划停运的特殊事件为：处于备用状态的设施，经调度批准进行年度、季度、月度计划外的检修工作，此时设施已经由可用状态变为不可用状态，而且检修工作也不在年度、季度、月度检修计划内，与第一类、第二类和第三类非计划停运的定义又不同，记为第四类非计划停运，如果检修时间超过调度批准时间仍然记为第四类非计划停运。

例如：利用二次设备、通信远动设备改造期间，经调度批准临时对变压器进行检修工作，变压器记为第四类非计划停运。

3.2.2.2.5

强迫停运状态　forced outage state

输变电设施处于第一类或第二类非计划停运状态。

【条文释义】该状态定义与 DL/T 837—2020《输变电设施可靠性评价规程》中"强迫停运　forced outage：设施的第一类、第二类非计划停运均称为强迫停运。"以及 T/CEC 479—2021《直流输变电设施可靠性评价规程》中"强迫停运：设施的第一类、第二类非计划停运均称为强迫停运。"的定义相对应。

第一类非计划停运状态和第二类非计划停运状态都属于强迫停运状态，分别指输变电设施处于不能延迟的停运状态和不能延迟超过 24h 的非计划停运状态。

3.3

持续时间　duration time；DT

在时间尺度上输变电设施同类单个使用状态的起始时刻和终止时刻之差。

［来源：DL/T 861—2020，3.8，有修改］

【条文释义】该定义在 DL/T 861—2020《电力可靠性基本名词术语》中3.8"持续时间　duration：时间区间端点之差，即时间区间的长度。"的基础上进行了修改，限定计算对象为输变电设施的同类单个使用状态。该定义是计算时间类指标的最基础定义。

持续时间为输变电设施某个使用状态从开始时刻开始计算，到该状态终止时刻所持续的时间长度。使用状态包括可用状态、运行状态、备用状态、计划停运状态、非计划停运状态等。

例如：某电力公司 A 线路按照月度计划于 3 月 2 日 8:20 停运进行检修工作,工作票的计划开工时间和计划结束时间段为 3 月 2 日 8:20～3 月 3 日 9:40,而工作票中的实际许可开工时间和实际结束时间为 3 月 2 日 8:20～3 月 3 日15:50，3 月 3 日 18:30 复役。则 A 线路处于小修停运状态的持续时间为 3 月2 日 8:20～3 月 3 日 9:40，共 25h20min。A 线路处于第四类非计划停运状态的持续时间为 3 月 3 日 9:40～15:50，共 6h10min。

3.4

累积时间　accumulated time；AT

给定时间区间内，输变电设施同一类使用状态持续时间之和。

［来源：GB/T 2900.99—2016，192－02－03，有修改］

【条文释义】该定义在 GB/T 2900.99—2016《电工术语　可信性》中192－02－03"累计可用时间 accumulated up time：在规定时间区间内，单独的可用持续时间之和。"的基础上进行了修改,限定计算对象为输变电设施的同一类使用状态。

在计算上,某类使用状态累积时间 AT 为给定时间区间内的该类同一使用状态持续时间 DT 的和。例如:变压器在 2020 年 1 月 2 日 8:00~11:00 处于小修停运状态,2 月 21 日 13:00~16:30 处于第一类非计划停运状态,3 月 20 日 9:00~3 月 21 日 11:00 处于第二类非计划停运状态,则该变压器在第一季度的小修停运状态累积时间为 3h,非计划停运状态累积时间为第一类非计划停运持续时间(3.5h)和第二类非计划停运持续时间(26h)之和,共 29.5h。

该定义主要用于计算时间类指标中的总累积时间 T_k(可用小时 T_1、运行小时 T_2、备用小时 T_3、…、强迫停运小时等共 18 种时间指标,详细见表 6-1 时间类指标名称及符号),并以总累计时间 T_k 为基础计算比例类指标 R_k(可用系数 R_1、运行系数 R_2、计划停运系数 R_7、非计划停运系数 R_{13} 和强迫停运系数 R_{18})和暴露系数 EXF。

3.5

评价期间时间   period time;PT

根据评价需要选取的时间区段对应的持续时间。

注:评价期间时间为评价选取的时间区段对应的小时数,与评价设施的数量无关。

【条文释义】评价期间时间 PT 可以根据评价的需要选取,可以为年度、季度、月度,再根据具体天数来计算对应的小时数,评价期间时间(小时数)只与选取的评价时间区段有关,与被评价对象无关。

例如:选择 2020 年 1 月为评价期间时间,$PT = 31 \times 24 = 744h$;如果选择 2020 年第 1 季度为评价期间时间,$PT = (31 + 29 + 31) \times 24 = 2184h$;如果选择 2020 年全年为评价期间时间,因为 2020 年为闰年,全年一共 366d,$PT = 366 \times 24 = 8784h$;如果选择 2021 年全年为评价期间时间,因为 2021 年

为平年，全年为365d，$PT = 365 \times 24 = 8760h$。

3.6

评价期间使用时间　period active time；PAT

评价期间选取的输变电设施处于使用状态下的持续时间之和，如式（1）所示。

$$PAT = \sum_j DT_j \qquad (1)$$

式中：

PAT——评价期间使用时间，单位为小时（h）；

DT_j——评价期间第j个输变电设施使用状态的持续时间，单位为小时（h）。

【条文释义】该定义与 DL/T 837—2020《输变电设施可靠性评价规程》中"统计期间小时　period hours：设施处于使用状态下，根据统计需要选取期间的小时数。"以及 T/CEC 479—2021《直流输变电设施可靠性评价规程》中"统计期间小时　period hours：设施处于使用状态下，根据统计需要选取期间的小时数。"的定义相对应，仅表达方式不同。

该指标用于计算评价期间内，输变电设施同一类使用状态累积时间占评价期间使用状态累积时间的比例指标（可用系数 R_1、运行系数 R_2、计划停运系数 R_7、非计划停运系数 R_{13} 和强迫停运系数 R_{18}）。

根据设施属性，具体计算公式又细分为单设施、同一电压等级同类多设施和不同电压等级同类多设施三种情况。

（1）单设施：

评价期间使用时间 PAT＝评价期间输变电设施使用状态的持续时间 DT（h）

（2）同一电压等级同类多设施：

评价期间使用时间 PAT＝$\sum$某设施使用状态的持续时间 DT（h）

（3）不同电压等级同类多设施：

评价期间使用时间 $PAT=\sum$ 某设施使用状态的持续时间 DT（h）

【算例 1】

（1）单设施评价期间使用时间 PAT：某变电站 2020 年 3 月 10 日 00:00 投入 1 台 220kV 变压器。

该变压器在 2020 年 3 月（31d，744h）的使用时间段为 3 月 10 日～3 月 31 日，该变压器在 3 月的使用时间 $PAT=22\times24=528$h。

该变压器在 2020 年（366d，8784h）的使用时间段为 3 月 10 日～12 月 31 日，该变压器在 2020 年的使用时间 $PAT=297\times24=7128$h。

（2）同一电压等级同类多设施评价期间使用时间 PAT：某公司 2021 年 3 月 10 日 00:00 投入 10 台 220kV 变压器，5 月 1 日 00:00 投入 5 台 500kV 变压器。

220kV 变压器在 2021 年 3 月（31d，744h）的使用时间 $PAT=528\times10=5280$h。

500kV 变压器在 2021 年 5 月（31d，744h）的使用时间 $PAT=744\times5=3720$h。

220kV 变压器在 2021 年全年（365d，8760h）的使用时间应该为 10 台 220kV 变压器在该年使用时间总和，$PAT=7128\times10=71280$h。

500kV 变压器在 2021 全年（365d，8760h）的使用时间应该为 5 台 500kV 变压器在该年使用时间总和，$PAT=5880\times5=29400$h。

（3）不同电压等级同类多设施评价期间使用时间 PAT：如（2）中所述的 220kV 和 500kV 变压器在 2021 年（365d，8760h）的使用时间则为 15 台变压器在该年的使用时间总和，$PAT=7128\times10+5880\times5=100680$h。

3.7

等效设施数　number of equivalent installations

在评价期间内，输变电设施的实际数量按照使用时间占评价期间时间比例的折算值。其量纲与被评价的输变电设施单位（见附录 A）一致，如式（2）所示。

$$N = \frac{PAT}{PT} \qquad (2)$$

式中：

N——等效设施数；

PAT——评价期间使用时间，单位为小时（h）；

PT——评价期间时间，单位为小时（h）。

【条文释义】该定义与 DL/T 837—2020《输变电设施可靠性评价规程》中"统计台［100km（km）、元件、段、条］年数　unit years：统计期间设施的台［100km（km）、元件、段、条］年数"公式统计台[100km(km)、元件、段、条]年数 $UY = \dfrac{统计期间投运小时 PSH}{8760}$ {台［100km（km）、元件、段、条］年}以及 T/CEC 479—2021《直流输变电设施可靠性评价规程》中"统计台［100km（km）、套、组、个、支、座、段、条］年　unit years：统计期间设施的台年数（100km 年数、km 年数、套年数、组年数、个年数、支年数、座年数、段年数、条年数）"公式 $N_{UY} = \dfrac{\sum\limits_{i} 统计期间投运小时 t_{PSH}}{8760h/（台年）}$ 的定义相对应，并进行了修改。

本导则定义的等效设施数 N 为评价期间设施的实际数量的折算值，按照评价期间设施的使用时间占评价时间的比例进行折算。其计算公式为：

$$等效设施数 N = \frac{评价期间使用小时 PAT}{评价期间小时 PT}$$

［同等效设施的量纲（台、条、段、元件等）］

本定义的计算公式中将 DL/T 837—2020《输变电设施可靠性评价规程》中"统计台［100km（km）、元件、段、条］年数　unit years"以及 T/CEC 479—2021《直流输变电设施可靠性评价规程》中"统计台［100km（km）、套、组、个、支、座、段、条］年　unit years"计算公式中的"8760h"用评价期间时间 PT 代替，不再将评价期间固定为 8760h，评价期间可以选择为年度、季度、月度，这样可以更方便地进行年度、季度、月度等次数类指标、时间类指标的计算，为输变电设施可靠性管理提供更加详细的可靠性指标数据进行参考。同一输变电设施的等效设施数除了和设施移交使用单位运行维护的时间有关外［不满一月（季、年）的则按实际移交时间计算］，还和选取的评价期间时间（月度、季度、年度）有关。

等效设施数 N 用于计算评价期间内，计算平均到每个等效设施的同一类使用状态平均次数指标 EF_k（可用率 EF_1、运行率 EF_2、备用率 EF_3、…、强迫停运率 EF_{18} 等共 18 种时间指标，详细见表 1 次数类指标名称及符号）和平均累积时间 ET_k（平均可用小时 ET_1、平均运行小时 ET_2、平均备用小时 ET_3、…、平均强迫停运小时 ET_{18}，详细见表 6-1 时间类指标名称及符号）。

该指标计算公式将单台、多台同类指标进行归一化处理，使计算更客观简洁。计算同类多设施的等效设施数时，评价期间使用时间 PAT 为各设施的评价期间使用时间之和，评价期间时间 PT 为评价期间时间（与设施数量无关）。等效设施数 N 的量纲根据输变电设施的种类而定，具体见附录 A 的表 A.1 输变电设施运行可靠性评价对象。

根据设施属性，具体计算公式又细分为单设施、同一电压等级同类多设施和不同电压等级同类多设施三种情况。

（1）单设施：

$$等效设施数 N = \frac{评价期间使用小时 PAT}{评价期间小时 PT}（同等效设施的量纲）$$

（2）同一电压等级同类多设施：

$$等效设施数 N = \frac{\sum 评价期间使用小时 PAT}{评价期间小时 PT}（同等效设施的量纲）$$

（3）不同电压等级同类多设备：

$$等效设施数 N = \frac{\sum 评价期间使用小时 PAT}{评价期间小时 PT}（同等效设施的量纲）$$

【算例 2】

（1）单设施等效设施数 N。如【算例 1】（1）中，某变电站 2020 年 3 月

10 日 00:00 投入 1 台 220kV 变压器，该变压器在 2020 年 3 月的评价期间使用时间 $PAT = 22 \times 24 = 528\text{h}$，3 月的评价期间时间 $PT = 31 \times 24 = 744\text{h}$。则该 220kV 变压器在该年 3 月的等效设施数：

$$N = \frac{\text{评价期间使用小时} PAT}{\text{评价期间小时} PT} = \frac{528}{744} = 0.71（台）$$

该 220kV 变压器在 2020 年（全年为 366d，8784h）等效设施数：

$$N = \frac{\text{评价期间使用小时} PAT}{\text{评价期间小时} PT} = \frac{7128}{8784} = 0.812（台）$$

（2）同一电压等级同类多设施等效设施数 N。如【算例 1】（2）中，某公司 2021 年 3 月 10 日 00:00 投入 10 台 220kV 变压器，5 月 1 日 00:00 投入 5 台 500kV 变压器。220kV 变压器在该年 3 月（3 月为 31d，744h）的等效设施数：

$$N = \frac{\sum\text{设施评价期间使用小时} PAT}{\text{评价期间小时} PT} = \frac{528 \times 10}{744} = 7.097（台）$$

500kV 变压器在 2021 年 5 月（31d，744h）的等效设施数：

$$N = \frac{\sum\text{设施评价期间使用小时} PAT}{\text{评价期间小时} PT} = \frac{744 \times 5}{744} = 5（台）$$

220kV 变压器在 2021 年全年（365d，8760h）的等效设施数：

$$N = \frac{\sum\text{设施评价期间使用小时} PAT}{\text{评价期间小时} PT} = \frac{7128 \times 10}{8760} = 8.137（台）$$

500kV 变压器在 2021 年全年（365d，8760h）的等效设施数：

$$N = \frac{\sum\text{设施评价期间使用小时} PAT}{\text{评价期间小时} PT} = \frac{5880 \times 5}{8760} = 3.356（台）$$

（3）不同电压等级同类多设施等效设施数 N。如（2）中所述的 220kV 和 500kV 变压器在 2021 年（365d，8760h）的等效设施数：

$$N = \frac{\sum\text{设施评价期间使用小时} PAT}{\text{评价期间小时} PT} = \frac{7128 \times 10 + 5880 \times 5}{8760} = 11.493（台）$$

4 评价对象及状态分类

【条文释义】随着近年来电力技术的发展，我国电力工业步入了大电网、大机组、特高压、交直流混合、智能电网阶段，输变电设施的复杂性明显增加，如特高压大功率换流阀、柔性直流输变电设施、特高压气体绝缘输电线路（GIL）等各类新型输变电设施发展迅速，结构型式日新月异，为输变电设施运行可靠性评价提出了新的课题。本导则充分考虑了电力系统中各类输变电设施的设备机理和运行模式以及电网技术发展，在 DL/T 837—2020《输变电设施可靠性评价规程》所统计的 11 类主要交流输变电设施基础上又增加了组合互感器（由电流互感器和电压互感器组合成一体的互感器），共 12 类主要交流输变电设施；同时又涵盖了 T/CEC 479—2021《直流输变电设施可靠性评价规程》中统计的直流输变电设施，考虑到直流输变电技术的快速发展，对其中的个别设施进行了修改，共包括换流变压器、换流阀、阀冷系统等 18 类主要直流设施。本导则评价对象并不仅仅局限于以上主要交直流输变电设施，而是涵盖所有具备电能传输、变换和分配能力的交直流设施，电网发展中的新型输变电设施也可以参考本导则纳入评价，使得本导则更具有开放性和普适性。

状态分类是指评价对象的状态，包括使用状态以及内部包含的各类状态。本导则将评价对象与状态分类一起设为第 4 章，并将状态分类放在评价对象之后进行说明。

4.1 评价对象

根据电力系统实际运行情况，输变电设施运行可靠性评价对象包括具备电能传输、变换和分配能力的交流设施和直流设施，并按照输变电设施的规定功能进一步细分类型，各类输变电设施之间互相独立。部分主要输变电设施类型及其对应等效设施数的量纲见附录 A，电网发展中的新型输变电设施可参照本文件纳入评价。

【条文释义】与 DL/T 837—2020《输变电设施可靠性评价规程》相比，本导则从设施评价本身出发，充分归纳总结各类输变电设施运行可靠性评价过程中的技术特征，指出导则适用的评价对象包括具备电能传输、变换和分配能力的各类交直流设施。因此，本导则的评价对象不仅包括了 DL/T 837—2020《输变电设施可靠性评价规程》中的交流输变电设施，又涵盖了 T/CEC 479—2021《直流输变电设施可靠性评价规程》中的直流输变电设施，同时又可应用于电网发展中出现的新型输变电设施，更具开放性，适用范围更广。

主要交流输变电设施包括变压器、电抗器、断路器、电流互感器、电压互感器、组合互感器、隔离开关、避雷器、架空线路、电缆线路、母线、组合电器 12 类设施。直流输变电设施主要有换流变压器、换流阀、阀冷系统、直流转换开关、直流高速开关、直流断路器、直流隔离开关、直流电流互感器、直流避雷器、直流分压器、交流滤波器、直流滤波器、平波电抗器、直流穿墙套管、直流母线、接地极、接地极线路、直流输电线路 18 类设施。

发、输、供电企业均应按照导则的要求开展输变电设施可靠性评价，评价范围包括两部分：一部分是属于本企业资产范围内的输变电设施；另一部分是资产虽不属于本企业但委托交由本企业运行、维护、管理的输变电设施。当设施产权关系与运维关系不一致时，按照"谁管理、谁统计"的原则开展可靠性评价工作。在设施自投产之日起，即作为评价对象纳入可靠性评价。在进行输变电设施可靠性评价时，首先要对各主要输变电设施的单元界限进行明确划分，具体可参考本导则 3.1"输变电设施"的条文释义部分。

4.2 状态分类

评价对象的状态包括使用状态以及内部包含的各类状态。使用状态分类及各状态的序号如图 1 所示。

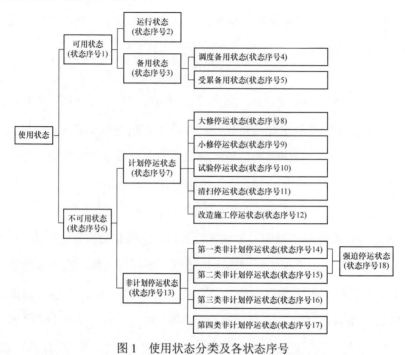

图 1　使用状态分类及各状态序号

【条文释义】该条款对评价对象所涵盖的交直流输变电设施使用状态所包含的各状态采用图示方式进行了说明。

该状态分类与 DL/T 837—2020《输变电设施可靠性评价规程》和 T/CEC 479—2021《直流输变电设施可靠性评价规程》中的状态分类相对应，删除了对使用状态无影响的带电作业状态。明确使用状态定义来对输变电设施各状态进行分类，将输变电设施分为可用状态和不可用状态两大类，涵盖运行、调度备用、大修停运、试验停运、各类非计划停运等 12 小类状态，采用状态序号 1~18 来替代容易误解的状态字母简称表示方法，并删除了 DL/T 837—2020《输变电设施可靠性评价规程》和 T/CEC 479—2021《直流输变电设施可靠性评价规程》中输变电设施可靠性统计状态英文及缩写对照表。

5 次 数 类 指 标

【条文释义】本导则通过对 DL/T 837—2020《输变电设施可靠性评价规程》等已有标准指标体系的深入研究，细致分析了可靠性指标的意义、内在逻辑及计算方法，从传统的具体评价指标出发，根据指标的物理含义，对指标进行了重新整合和归类，重新从次数、时间、比例三个不同维度分层次划分，从而构建了分层分级、结构清晰、逻辑严谨自洽的输变电设施可靠性评价指标体系。

输变电设施可靠性指标以大量事件积累和生产事实为基础，反映了电网结构、设施装备和管理水平的高低，是深入掌握输变电设施在电力系统中运行状况的重要手段，是输变电设施健康水平和电网运行各环节状况的量化描述。由于其涵盖了规划、设计、制造、物资、基建、调度、运检等全过程，所以用可靠性指标进行评价具有客观性、公平性和科学性。

对输变电设施可靠性数据进行分析是电力可靠性管理的重要内容，通过输变电设施可靠性数据分析，结合现场工作实际，可以发现电力安全生产过程中存在的薄弱环节，进而提出针对性措施，在后续的电网建设和生产管理中加以落实，逐步改善电力企业输变电设施及系统可靠性管理工作。定期的可靠性数据分析，对于改进企业管理和提高电网可靠性具有重要意义，一般采用纵向对比分析法、横向对比分析法和类别比较分析法等：纵向对比分析法主要是对输变电设施不同月度、季度、年度或不同时间阶段同一指标的数据变化（一般为变化的趋势和变化的幅度）进行对比分析，从中找出变化规律和薄弱环节，进而提出改进意见和建议，如对架空线路可用系数、非计划停运率等均可采用纵向对比分析法进行诊断分析，从中发现可靠性管理水平的变化；横向对比分析法主要是通过对输变电设施或系统不同单位同一指标进行对比分析，如对公司系统下属所有企业的同一指标值进行比较分析时，通过架空线路可用系数的对比，找出某一企业可靠性管理水平在公司系统中所处的位置，从中以找出差距和不足，借鉴先进单位的典型经验，促进可靠性指标的提升；类别比较分析法是对输变电设施不同类别的指标进行对比分析，如对输变电设施可靠性数据分析时，对架空线路非计划停运中的不同责任原因进行比较，找出停电的主要因素，以确定管理工作改进方向。

输变电设施可靠性数据应用涉及规划、设计、制造、物资、基建、调度、运检等各个环节。通过对输变电设施可靠性指标的统计和对数据的分析，形成的输变电设施可靠性诊断分析报告，发挥可靠性数据的指导服务作用，指导各业务管理部门相关工作的开展，是促进可靠性管理及提高其他相关专业管理水平的有效途径。

（1）规划设计环节。输变电可靠性目标能否实现，关键在于电网规划是否合理，是否以输变电可靠性目标为依据开展工作。因此，在电网规划设计时，应充分考虑影响输变电可靠性指标的相关因素。例如在电网规划设计时，尽量保证电网规划一步到位、减少后续完善过程、优选高可靠性设备型式、减少 T 接线路等设计模式等。对由于规划设计不周造成设施停电，输变电设施可靠性归口管理部门可以用停电责任原因的可靠性指标（如第一类非计划停运率）等指标对规划设计环节进行评价。

（2）设备采购环节。对新建、改造工程来说，选择最低的初投资很可能不是最经济的，因为运行、维护、退役及设备故障或失效引起的成本往往是初购买成本的几倍，从而造成设备全寿命周期内的运行维护、改造、更换成本较大。在输变电设备采购中，应充分考虑输变电可靠性统计分析成果的应用，如参考不同制造厂家的同一类型设备的可用系数统计结果，优选高可靠性设备制造厂家，并处理好设备价格和输变电设备可靠性之间的平衡。

（3）基建建设环节。在输变电设施安装调试过程中，优化施工方案，增加配合施工，减少在运设施计划停运时间及计划停运次数，尽量避免重复停电。不断提高输变电设施安装调试质量，避免输变电设施移交生产后的隐患处理与故障停运。对基建建设环节未能优化施工方案，建设期间造成在役设备重复停电或停电时间较长，以及对施工安装质量把关不严，造成输变电设施移交生产一年内运行维护成本较大的，可以用输变电设施投运一年内可靠性指标等来评价。

（4）调度运行环节。调度运行管理是可靠性管理的核心环节，调度运行对于停电次数、停电时间的控制，对可靠性目标管理和电网安全运行均具有重要意义。通过合理的调度运行和计划停送电方案管理，提高设备可用时间；通过加强运行操作管理，优化操作流程，实行标准化操作作业和时间控制，减少设备停电时间。

（5）运维检修环节。从输变电可靠性管理的过程分析入手，在运维检修环节中，应规范综合生产计划流程、抢修流程、检修流程、停复役流程，加强生产计划的刚性执行与标准化工期的应用。通过加强运维检修环节的管理，可以有效降低设备检修和故障次数，缩短工作时间，杜绝因检修质量不良造成设备重复停电，从而提升可靠性指标。对运维检修环节未能合理安排综合检修计划及停电计划管理、加强运行检修人员力量及提升相关人员业务水平，造成输变电设施停运、复役及检修等非有效时间较长的，可以用输变电设施可用系数等指标来评价。

5.1　次数类指标体系

次数类指标按照输变电设施同一类使用状态出现次数的计算方法建立指标体系，分为总次数和平均次数两类。总次数是指评价期间内同一类使用状态的出现次数之和，平均次数是指平均到每个等效设施的同一类使用状态总次数。输变电设施状态对应的次数类指标名称及符号见表1。

表1　　　　　　　　　　次数类指标名称及符号

输变电设施状态	总次数		平均次数	
	名称	符号	名称	符号
可用状态	可用次数	F_1	可用率	EF_1
运行状态	运行次数	F_2	运行率	EF_2
备用状态	备用次数	F_3	备用率	EF_3
调度备用状态	调度备用次数	F_4	调度备用率	EF_4
受累备用状态	受累备用次数	F_5	受累备用率	EF_5
不可用状态	不可用次数	F_6	不可用率	EF_6
计划停运状态	计划停运次数	F_7	计划停运率	EF_7
大修停运状态	大修停运次数	F_8	大修停运率	EF_8
小修停运状态	小修停运次数	F_9	小修停运率	EF_9
试验停运状态	试验停运次数	F_{10}	试验停运率	EF_{10}
清扫停运状态	清扫停运次数	F_{11}	清扫停运率	EF_{11}
改造施工停运状态	改造施工停运次数	F_{12}	改造施工停运率	EF_{12}
非计划停运状态	非计划停运次数	F_{13}	非计划停运率	EF_{13}
第一类非计划停运状态	第一类非计划停运次数	F_{14}	第一类非计划停运率	EF_{14}
第二类非计划停运状态	第二类非计划停运次数	F_{15}	第二类非计划停运率	EF_{15}
第三类非计划停运状态	第三类非计划停运次数	F_{16}	第三类非计划停运率	EF_{16}
第四类非计划停运状态	第四类非计划停运次数	F_{17}	第四类非计划停运率	EF_{17}
强迫停运状态	强迫停运次数	F_{18}	强迫停运率	EF_{18}

注："可用次数"符号"F_1"和"可用率"符号"EF_1"中的"1"为图1中的状态序号，其他指标同理。

【条文释义】与DL/T 837—2020《输变电设施可靠性评价规程》和 T/CEC 479—2021《直流输变电设施可靠性评价规程》相比，本导则将次数类指标（包括时间类指标）明确的分为总次数（时间类指标为累积时间）和平均次数（时间类指标为平均持续时间），并与 18 种状态分类相对应。总次数对应着可用次数 F_1、运行次数 F_2、备用次数 F_3、…、强迫停运次数 F_{18} 等 18 种总次数指标，平均次数对应着可用率 EF_1、运行率 EF_2、备用率 EF_3、…、强迫停运次数 EF_{18} 等 18 种平均次数指标。本导则的相应平均次数类指标与 DL/T 837—2020《输变电设施可靠性评价规程》和 T/CEC 479—2021《直流输变电设施可靠性评价规程》中的计划停运率、非计划停运率、强迫停运率等指标定义相同，并进一步完善了交直流输变电设施的次数类指标种类。

本导则首次以图表方式完整、清晰呈现了输变电设施可用状态、不可用状态两大类以及两大类包含的共 18 类状态的次数类指标名称和符号；结合我国国情并参考国外输变电设施可靠性评价标准，将次数类指标分为总次数和平均次数两类，更便于数据溯源；采用状态序号表达各种状态更便于指标计算，避免使用状态字母简称造成误解。

5.2 总次数

评价期间内，输变电设施同一类使用状态的出现次数之和，如式（3）所示。

$$F_k = \sum_j f_{j,k} \qquad (3)$$

式中：

F_k——输变电设施第 k 类使用状态的总次数，单位为次；

$f_{j,k}$——输变电设施中第 j 个出现第 k 个状态的次数，单位为次；

k——输变电设施该类使用状态的序号，$1 \leqslant k \leqslant 18$。

【条文释义】总次数指标即为 DL/T 837—2020《输变电设施可靠性评价规程》中的计划停运次数、大修停运次数、小修停运次数、试验停运次数、清扫停运次数、改造施工停运次数、备用停运次数、调度停运备用次数、受累备用次数、非计划停运次数、第一类非计划停运次数、第二类非计划停运次数、第三类非计划停运次数、第四类非计划停运次数、强迫停运次数等 15 种使用状态对应的次数，并在此基础上增加了可用次数、运行次数和不可用次数，共 18 种总次数指标，与图 1 中的 18 种使用状态一一对应，构建了完整的总次数类指标体系。

根据设施属性，具体计算公式又细分为单设施、同一电压等级同类多设施和不同电压等级同类多设施三种情况。

（1）单设施：

第 k 类使用状态的总次数 F_k ＝设施第 k 类状态出现的总次数 f_k（次）

（2）同一电压等级同类多设施：

第 k 类使用状态的总次数 F_k ＝∑某设施第 k 类状态出现的总次数 f_k（次）

（3）不同电压等级同类多设施：

第 k 类使用状态的总次数 F_k ＝∑某设施第 k 类状态出现的总次数 f_k（次）

【算例 3】

如【算例 2】中，3 月 10 日 00:00 投入的 10 台 220kV 变压器和 5 月 1 日 00:00 投入的 5 台 500kV 变压器，在该年内的停运事件见表 5－1。

表 5－1　　　　　　　　　某变电站一年内停运事件

设施	事件经过	事件状态	设施	事件经过	事件状态
220kV 变压器 A	3 月 10 日 00:00～05:00	调度备用（状态序号 4）	500kV 变压器 B	5 月 20 日 00:00～06:00	调度备用（状态序号 4）
	8 月 25 日 00:00～06:00	受累备用（状态序号 5）		10 月 15 日 00:00～05:00	第一类非计划停运（状态序号 14）
	11 月 5 日 00:00～05:00	第二类非计划停运（状态序号 15）		12 月 15 日 00:00～04:00	试验停运（状态序号 10）
220kV 变压器 D	4 月 25 日 00:00～06:00	改造施工停运（状态序号 12）	500kV 变压器 E	10 月 1 日 00:00～02:00	小修停运（状态序号 9）
	10 月 10 日 05:00～08:00	调度备用（状态序号 4）		11 月 16 日 00:00～11:00	第二类非计划停运（状态序号 15）
	12 月 1 日 00:00～11:00	第一类非计划停运（状态序号 14）			

（1）单设施总次数 F_k：220kV 变压器 A 在该年的调度备用次数 $F_4=1$ 次，受累备用次数 $F_5=1$ 次，不可用次数 $F_6=1$ 次，非计划停运状态总次数 $F_{13}=1$ 次，第二类非计划停运次数 $F_{15}=1$ 次，强迫停运次数 $F_{18}=1$ 次。

（2）同一电压等级同类多设施总次数 F_k：220kV 变压器在该年的调度备用次数 $F_4=2$ 次，受累备用次数 $F_5=1$ 次，不可用次数 $F_6=3$ 次，计划停运状态总次数 $F_7=1$ 次，改造施工停运次数 $F_{12}=1$ 次，非计划停运状态总次数 $F_{13}=2$ 次，第一类非计划停运次数 $F_{14}=1$ 次，第二类非计划停运次数 $F_{15}=1$ 次，强迫停运次数 $F_{18}=F_{14}+F_{15}=2$ 次。

500kV 变压器在该年的调度备用次数 $F_4=1$ 次，不可用次数 $F_6=4$ 次，计划停运次数 $F_7=2$ 次，小修停运次数 $F_9=1$ 次，试验停运次数 $F_{10}=1$ 次，非计划停运状态总次数 $F_{13}=2$ 次，第一类非计划停运次数 $F_{14}=1$ 次，第二类非计划停运次数 $F_{15}=1$ 次，强迫停运次数 $F_{18}=2$ 次。

（3）不同电压等级同类多设施总次数 F_k：220kV 变压器和 500kV 变压器在该年的调度备用次数 $F_4=2+1=3$ 次，不可用次数 $F_6=3+4=7$ 次，计划停运次数 $F_7=1+2=3$ 次，非计划停运次数 $F_{13}=2+2=4$ 次，第一类非计划停运次数 $F_{14}=1+1=2$ 次，第二类非计划停运次数 $F_{15}=1+1=2$ 次，强迫停运次数 $F_{18}=2+2=4$ 次。

5.3 平均次数

评价期间内，平均到每个等效设施的同一类使用状态总次数，如式（4）所示。

$$EF_k=\frac{F_k}{\sum\limits_{j}N_j} \tag{4}$$

式中：

EF_k——输变电设施第 k 类使用状态的平均次数；

F_k——输变电设施第 k 类使用状态的总次数，单位为次；

N_j——第 j 个输变电设施的等效设施数；

k——输变电设施该类使用状态的序号，$1 \leqslant k \leqslant 18$。

注：同类多输变电设施的平均次数可由单输变电设施的平均次数按各自的等效设施数加权平均计算。

【条文释义】本导则的平均次数是在 DL/T 837—2020《输变电设施可靠性评价规程》和 T/CEC 479—2021《直流输变电设施可靠性评价规程》中计划停运率、非计划停运率和强迫停运率的基础上，增加了除计划停运状态、非计划停运状态和强迫停运状态外另外 15 种使用状态对应的平均次数，共 18 种平均次数指标，与图 1 中的 18 种使用状态一一对应，构建了丰富、完整的平均次数类指标体系。本导则中平均次数指标的评价期间可以为年度、季度、月度，因此同一设施选择的评价期间不同，平均次数指标也将不同。

设施的平均次数 EF_k 是将评价期间的某类使用状态出现的总次数 F_k 平均到每个等效设施上的同一类使用状态的出现次数，单位为次/该类设施量纲，反映了输变电设施某类使用状态出现次数的概率。

平均次数指标中的主要可靠性指标有计划停运率、非计划停运率、强迫停运率、暴露率等，本导则的输变电设施停运平均次数指标中的计划停运率、非计划停运率和强迫停运率即 DL/T 837—2020《输变电设施可靠性评价规程》中的计划停运率、非计划停运率和强迫停运率。其中，非计划停运率、强迫停运率和比例类指标中的可用系数已经成为生产管理中评价输变电设施健康水平的三个主要指标。输变电设施可靠性指标的目标管理大多以这些指标的提高为目标展开，通过采用各种管理和技术方法来提高可靠性指标，保证电力系统的安全、可靠运行。

对于独立设施（除组合电器外），平均次数 EF_k 有单设施和多设施之分：单设施的某类平均次数指标为评价期间内该设施的该类使用状态出现的总次数与该设施等效设施数 N 之比；多设施的某类平均次数指标为评价期间内该类多台设施的该类使用状态出现的总次数与该类多台设施等效设施数 N 之比。架空线路、电缆线路、接地极线路和直流输电线路的单位为 km、条，与其他输变电设施不同，其平均次数指标计算可以按条计算，也可以按 km 计算，具体算例可参考附录 C。

对于组合电器，其可靠性指标包含元件指标、间隔指标和套指标，其平均次数指标计算与独立设施又有所不同，具体算例可参考附录 D。

根据设施属性，具体计算公式又细分为单设施、同一电压等级同类多设施和不同电压等级同类多设施三种情况。

（1）单设施：

$$设施第k类使用状态的平均次数EF_k = \frac{设施第k类使用状态的总次数F_k}{设施的等效设施数N}$$

（次/ 该类设施量纲）

（2）同一电压等级同类多设施：

设施第 k 类使用状态的平均次数 EF_k

$$= \frac{\sum 某设施第k类状态出现的总次数F_k}{\sum 某设施的等效设施数N}$$

$$= \frac{\sum (某设施平均次数EF_k \times 该设施等效设施数N)}{\sum 某设施的等效设施数N}$$（次/ 该类设施量纲）

（3）不同电压等级同类多设施：

设施第 k 类使用状态的平均次数 EF_k

$$= \frac{\sum 某设施第k类状态出现的总次数F_k}{\sum 某设施的等效设施数N}$$

$$= \frac{\sum (某电压等级设施平均次数EF_k \times 该设施等效设施数N)}{\sum 等效设施数N}$$

（次/ 该类设施量纲）

【算例 4】

（1）单设施平均次数 EF_k。如【算例 3】中，220kV 变压器 A 在该年的不可用率：

$$EF_6 = \frac{\text{不可用总次数}F_6}{\text{等效设施数}N} = \frac{1}{0.812} = 1.232（次／台）$$

非计划停运率：

$$EF_{13} = \frac{\text{非计划停运总次数}F_{13}}{\text{等效设施数}N} = \frac{1}{0.812} = 1.232（次／台）$$

强迫停运率：

$$EF_{18} = \frac{\text{强迫停运总次数}F_{18}}{\text{等效设施数}N} = \frac{1}{0.812} = 1.232（次／台）$$

（2）同一电压等级同类多设施平均次数 EF_k。如【算例3】中，220kV变压器在该年的不可用率：

$$EF_6 = \frac{\sum\text{不可用总次数}F_6}{\sum\text{等效设施数}N} = \frac{3}{8.137} = 0.369（次／台）$$

计划停运率：

$$EF_7 = \frac{\sum\text{计划停运总次数}F_7}{\sum\text{等效设施数}N} = \frac{1}{8.137} = 0.123（次／台）$$

非计划停运率：

$$EF_{13} = \frac{\sum\text{非计划停运总数}F_{13}}{\sum\text{等效设施数}N} = \frac{2}{8.137} = 0.246（次／台）$$

强迫停运率：

$$EF_{18} = \frac{\sum\text{强迫停运总次数}F_{18}}{\sum\text{等效设施数}N} = \frac{2}{8.137} = 0.246（次／台）$$

500kV变压器在该年的不可用率：

$$EF_6 = \frac{\sum\text{不可用总次数}F_6}{\sum\text{等效设施数}N} = \frac{4}{3.356} = 1.192（次／台）$$

计划停运率：

$$EF_7 = \frac{\sum\text{计划停运总次数}F_7}{\sum\text{等效设施数}N} = \frac{2}{3.356} = 0.596（次／台）$$

非计划停运率：

$$EF_{13} = \frac{\sum 非计划停运总次数 F_{13}}{\sum 等效设施数 N} = \frac{2}{3.356} = 0.596（次/台）$$

强迫停运率：

$$EF_{18} = \frac{\sum 强迫停运总次数 F_{18}}{\sum 等效设施数 N} = \frac{2}{3.356} = 0.596（次/台）$$

（3）不同电压等级同类多设施平均次数 EF_k。如【算例 3】中，220kV 变压器和 500kV 变压器在该年的不可用率：

$$EF_6 = \frac{\sum 不可用总次数 F_6}{\sum 等效设施数 N} = \frac{3+4}{11.493} = 0.609（次/台）$$

或

$$EF_6 = \frac{\sum (不可用率 EF_6 \times 等效设施数 N)}{\sum 等效设施数 N}$$

$$= \frac{0.369 \times 8.137 + 1.192 \times 3.356}{8.137 + 3.356} = 0.609（次/台）$$

计划停运率：

$$EF_7 = \frac{\sum 计划停运总次数 F_7}{\sum 等效设施数 N} = \frac{1+2}{11.493} = 0.261（次/台）$$

或

$$EF_7 = \frac{\sum (计划停运率 EF_7 \times 等效设施数 N)}{\sum 等效设施数 N}$$

$$= \frac{0.123 \times 8.137 + 0.596 \times 3.356}{8.137 + 3.356} = 0.261（次/台）$$

非计划停运率：

$$EF_{13} = \frac{\sum 非计划停运总次数 F_{13}}{\sum 等效设施数 N} = \frac{2+2}{11.493} = 0.348（次/台）$$

或

$$EF_{13} = \frac{\sum (\text{非计划停运率} EF_{13} \times \text{等效设施数} N)}{\sum \text{等效设施数} N}$$

$$= \frac{0.246 \times 8.137 + 0.596 \times 3.356}{8.137 + 3.356} = 0.348 （次/台）$$

强迫停运率：

$$EF_{18} = \frac{\sum \text{强迫停运总次数} F_{18}}{\sum \text{等效设施数} N} = \frac{2+2}{11.493} = 0.348 （次/台）$$

或

$$EF_{18} = \frac{\sum (\text{强迫停运率} EF_{18} \times \text{等效设施数} N)}{\sum \text{等效设施数} N}$$

$$= \frac{0.246 \times 8.137 + 0.596 \times 3.356}{8.137 + 3.356} = 0.348 （次/台）$$

6 时 间 类 指 标

【条文释义】 与 DL/T 837—2020《输变电设施可靠性评价规程》相比，本导则在可用小时、运行小时、……、强迫停运小时（共 18 种）的基础上，进一步增加了平均累积时间和平均持续时间两类时间指标，大大丰富了输变电设施可靠性时间类指标，从而构建了体系完整、内容丰富的时间类可靠性指标体系。

6.1 时间类指标体系

时间类指标按照输变电设施同一类使用状态持续时间计算方法分类，分为累积时间和平均持续时间两类。累积时间指的是评价期间内同一类使用状态的持续时间之和，按照计算方式的不同可以分为总累积时间和平均累积时间两类；平均持续时间是评价期间内输变电设施同一类使用状态持续时间分布的平均值。输变电设施状态对应的时间类指标名称及符号见表 2。

表 2 　　　　　　　　时间类指标名称及符号

输变电设施状态	累积时间				平均持续时间	
	总累积时间		平均累积时间			
	名称	符号	名称	符号	名称	符号
可用状态	可用小时	T_1	平均可用小时	ET_1	连续可用小时	CST_1
运行状态	运行小时	T_2	平均运行小时	ET_2	连续运行小时	CST_2
备用状态	备用小时	T_3	平均备用小时	ET_3	连续备用小时	CST_3
调度备用状态	调度备用小时	T_4	平均调度备用小时	ET_4	连续调度备用小时	CST_4
受累备用状态	受累备用小时	T_5	平均受累备用小时	ET_5	连续受累备用小时	CST_5
不可用状态	不可用小时	T_6	平均不可用小时	ET_6	连续不可用小时	CST_6
计划停运状态	计划停运小时	T_7	平均计划停运小时	ET_7	连续计划停运小时	CST_7

输变电设施状态	累积时间				平均持续时间	
	总累积时间		平均累积时间			
	名称	符号	名称	符号	名称	符号
大修停运状态	大修停运小时	T_8	平均大修停运小时	ET_8	连续大修停运小时	CST_8
小修停运状态	小修停运小时	T_9	平均小修停运小时	ET_9	连续小修停运小时	CST_9
试验停运状态	试验停运小时	T_{10}	平均试验停运小时	ET_{10}	连续试验停运小时	CST_{10}
清扫停运状态	清扫停运小时	T_{11}	平均清扫停运小时	ET_{11}	连续清扫停运小时	CST_{11}
改造施工停运状态	改造施工停运小时	T_{12}	平均改造施工停运小时	ET_{12}	连续改造施工停运小时	CST_{12}
非计划停运状态	非计划停运小时	T_{13}	平均非计划停运小时	ET_{13}	连续非计划停运小时	CST_{13}
第一类非计划停运状态	第一类非计划停运小时	T_{14}	平均第一类非计划停运小时	ET_{14}	连续第一类非计划停运小时	CST_{14}
第二类非计划停运状态	第二类非计划停运小时	T_{15}	平均第二类非计划停运小时	ET_{15}	连续第二类非计划停运小时	CST_{15}
第三类非计划停运状态	第三类非计划停运小时	T_{16}	平均第三类非计划停运小时	ET_{16}	连续第三类非计划停运小时	CST_{16}
第四类非计划停运状态	第四类非计划停运小时	T_{17}	平均第四类非计划停运小时	ET_{17}	连续第四类非计划停运小时	CST_{17}
强迫停运状态	强迫停运小时	T_{18}	平均强迫停运小时	ET_{18}	连续强迫停运小时	CST_{18}

注："可用小时"符号"T_1"、"平均可用小时"符号"ET_1"和"连续可用小时"符号"CST_1"中的"1"为图1中的状态序号，其他指标同理。

【条文释义】本导则以图表方式完整清晰呈现了18类时间类指标的名称和符号。本导则将时间类指标分为累积时间与平均持续时间两大类，并进一步将累积时间分为总累积时间和平均累积时间。总累积时间对应 DL/T 837—2020《输变电设施可靠性评价规程》中的可用小时 AH，运行小时 SH、计划停运小时 POH、非计划停运小时 UOH 等时间。以总累积时间 T_k 为基础，分别除以等效设施数 N 和总次数 F_k 得到各类状态的平均累积时间 ET_k 和平均持续时间 CST_k，丰富了输变电设施可靠性数据评价指标，可以进一步促进输变电设施可靠性数据分析和应用的发展。

6.2 累积时间

6.2.1 总累积时间

评价期间内，输变电设施同一类使用状态的持续时间之和，如式（5）所示。

$$T_k = \sum_j \sum_i t_{ij,k} \qquad (5)$$

式中：

T_k——输变电设施第 k 类使用状态的累计时间总数，单位为小时（h）；

$t_{ij,k}$——第 j 个输变电设施第 i 次出现第 k 类使用状态的持续时间，单位为小时（h）；

k——输变电设施该类使用状态的序号，1≤k≤18。

【条文释义】总累积时间 T_k 为所选的评价期间内，设施同一类使用状态的持续时间之和，单位为小时（h）。评价期间可以为年度、季度、月度，因此总累积时间将随着评价期间不同而不同。

根据设施属性，具体计算公式又细分为单设施、同一电压等级同类多设施和不同电压等级同类多设施三种情况。

（1）单设施：

第 k 类使用状态的累计时间总数 $T_k = \sum$ 各次第 k 类使用状态的持续时间 t_k（h）

（2）同一电压等级同类多设施：

第 k 类使用状态的累计时间总数 $T_k =$
$\sum$ 某设施所有第 k 类使用状态的持续时间 t_k（h）

（3）不同电压等级同类多设施：

第 k 类使用状态的累计时间总数 $T_k =$
$\sum$ 某设施所有第 k 类使用状态的持续时间 t_k（h）

【算例 5】

（1）单设施总累积时间 T_k。如【算例 3】中，220kV 变压器 A 在该年的可用小时：

$$T_1 = 7128 - 5 = 7123（h）$$

运行小时：

$$T_2 = 7128 - 5 - 6 - 5 = 7112（h）$$

非计划停运小时：

$$T_3 = 5（h）$$

强迫停运小时：

$$T_{18} = 5（h）$$

（2）同一电压等级同类多设施总累积时间 T_k。如【算例 3】中，220kV 变压器在该年的可用小时：

$$T_1 = 7128 \times 10 - (5 + 6 + 11) = 71258（h）$$

运行小时：

$$T_2 = 7128 \times 10 - (5 + 6 + 11 + 5 + 6 + 3) = 71244（h）$$

计划停运小时：

$$T_7 = 6（h）$$

非计划停运小时：

$$T_{13} = 5 + 11 = 16（h）$$

强迫停运小时：

$$T_{18} = 5 + 11 = 16（h）$$

500kV 变压器在该年的可用小时：

$$T_1 = 5880 \times 5 - (5 + 4 + 2 + 11) = 29378（h）$$

运行小时：

$$T_2 = 5880 \times 5 - (5 + 4 + 2 + 11 + 6) = 29372（h）$$

计划停运小时：

$$T_7 = 4 + 2 = 6（h）$$

非计划停运小时：

$$T_{13} = 5 + 11 = 16（h）$$

强迫停运小时：

$$T_{18} = 5 + 11 = 16（h）$$

（3）不同电压等级同类多设施总累积时间 T_k。如【算例 3】中，220kV 变压器和 500kV 变压器在该年的可用小时：

$$T_1 = 71258 + 29378 = 100636（h）$$

运行小时：

$$T_2 = 71244 + 29372 = 100616（h）$$

计划停运小时：

$$T_7 = 6 + 6 = 12（h）$$

非计划停运时间：

$$T_{13} = 16 + 16 = 32（h）$$

强迫停运小时：

$$T_{18} = 16 + 16 = 32（h）$$

6.2.2 平均累积时间

评价期间内，平均每个等效设施的同一类使用状态总累积时间，如式（6）所示。

$$ET_k = \frac{T_k}{\sum\limits_{j} N_j} \qquad (6)$$

式中：

ET_k——输变电设施第 k 类使用状态的平均累积时间；

T_k——输变电设施第 k 类使用状态的总累积时间，单位为小时（h）；

N_j——第 j 个输变电设施的等效设施数；

k——输变电设施该类使用状态的序号，$1 \leqslant k \leqslant 18$。

注：同类多输变电设施的平均累积时间可由单输变电设施的平均累积时间按各自的等效设施数加权平均计算。

【条文释义】设施的平均累积时间 ET_k 是将评价期间的某类使用状态的总累积时间 T_k 平均到每个等效设施上的同一类使用状态的持续时间，单位为小时（h）/该类设施量纲。

根据设施属性，具体计算公式又细分为单设施、同一电压等级同类多设施和不同电压等级同类多设施三种情况。

（1）单设施：

$$第k类使用状态的平均累积时间ET_k$$

$$= \frac{第k类使用状态的总累积时间T_k}{设施的等效设施数N} \text{（h/该类设施量纲）}$$

（2）同一电压等级同类多设施：

$$第k类使用状态的平均累积时间ET_k$$

$$= \frac{\sum 某设施第k类使用状态的总累积时间T_k}{\sum 某设施的等效设施数N}$$

$$= \frac{\sum (某设施平均累积时间ET_k \times 该设施等效设施数N)}{\sum 某设施的等效设施数N} \text{（h/该类设施量纲）}$$

（3）不同电压等级同类多设施：

$$第k类使用状态的平均累积时间ET_k$$

$$= \frac{\sum 某设施第k类使用状态的总累积时间T_k}{\sum 某设施的等效设施数N}$$

$$= \frac{\sum (某电压等级设施的平均累积时间ET_k \times 该设施等效设施数N)}{\sum 某设施的等效设施数N}$$

（h/该类设施量纲）

【算例6】

（1）单设施平均累积时间 ET_k。如【算例3】中，220kV 变压器 A 在该年的平均可用小时：

$$ET_1 = \frac{可用小时T_1}{等效设施数N} = \frac{7123}{0.812} = 8772.168 \text{（h/台）}$$

平均运行小时：

$$ET_2 = \frac{\text{运行小时} T_2}{\text{等效设施数} N} = \frac{7112}{0.812} = 8758.621 \text{（h/台）}$$

平均非计划停运小时：

$$ET_{13} = \frac{\text{非计划停运小时} T_{13}}{\text{等效设施数} N} = \frac{5}{0.812} = 6.158 \text{（h/台）}$$

平均强迫停运小时：

$$ET_{18} = \frac{\text{强迫停运小时} T_{18}}{\text{等效设施数} N} = \frac{5}{0.812} = 6.158 \text{（h/台）}$$

（2）同一电压等级同类多设施平均累积时间 ET_k。如【算例3】中，220kV 变压器在该年的平均可用小时：

$$ET_1 = \frac{\sum \text{可用小时} T_1}{\sum \text{等效设施数} N} = \frac{71258}{8.137} = 8757.281 \text{（h/台）}$$

平均运行小时：

$$ET_2 = \frac{\sum \text{运行小时} T_2}{\sum \text{等效设施数} N} = \frac{71244}{8.137} = 8755.561 \text{（h/台）}$$

平均计划停运小时：

$$ET_7 = \frac{\sum \text{计划停运小时} T_7}{\sum \text{等效设施数} N} = \frac{6}{8.137} = 0.737 \text{（h/台）}$$

平均非计划停运小时：

$$ET_{13} = \frac{\sum \text{非计划停运小时} T_{13}}{\sum \text{等效设施数} N} = \frac{16}{8.137} = 1.966 \text{（h/台）}$$

平均强迫停运小时：

$$ET_{18} = \frac{\sum \text{强迫停运小时} T_{18}}{\sum \text{等效设施数} N} = \frac{16}{8.137} = 1.966 \text{（h/台）}$$

500kV 变压器在该年的平均可用小时：

$$ET_1 = \frac{\sum \text{可用小时} T_1}{\sum \text{等效设施数} N} = \frac{29378}{3.356} = 8753.874 \text{（h/台）}$$

平均运行小时：

$$ET_2 = \frac{\sum 运行小时 T_2}{\sum 等效设施数 N} = \frac{29372}{3.356} = 8752.086（h/台）$$

平均计划停运小时：

$$ET_7 = \frac{\sum 计划停运小时 T_7}{\sum 等效设施数 N} = \frac{6}{3.356} = 1.788（h/台）$$

平均非计划停运小时：

$$ET_{13} = \frac{\sum 非计划停运小时 T_{13}}{\sum 等效设施数 N} = \frac{16}{3.356} = 4.768（h/台）$$

平均强迫停运小时：

$$ET_{18} = \frac{\sum 强迫停运小时 T_{18}}{\sum 等效设施数 N} = \frac{16}{3.356} = 4.768（h/台）$$

（3）不同电压等级同类多设施平均累积时间 ET_k。如【算例 3】中，220kV 变压器和 500kV 变压器在该年的平均可用小时：

$$ET_1 = \frac{\sum 可用小时 T_1}{\sum 等效设施数 N} = \frac{100636}{11.493} = 8756.286（h/台）$$

或

$$ET_1 = \frac{\sum (某电压等级设施平均可用小时 ET_1 \times 该电压等级设施等效设施数 N)}{\sum 等效设施数 N}$$

$$= \frac{8757.281 \times 8.137 + 8753.874 \times 3.356}{8.137 + 3.356} = 8756.286（h/台）$$

平均运行小时：

$$ET_2 = \frac{\sum 运行小时 T_2}{\sum 等效设施数 N} = \frac{100616}{11.493} = 8754.546（h/台）$$

或

$$ET_2 = \frac{\sum (某电压等级设施平均运行小时 ET_2 \times 该电压等级设施等效设施数 N)}{\sum 等效设施数 N}$$

$$= \frac{8755.561 \times 8.137 + 8752.086 \times 3.356}{8.137 + 3.356} = 8754.546（h/台）$$

平均计划停运小时：

$$ET_7 = \frac{\sum 计划停运小时T_7}{\sum 等效设施数N} = \frac{12}{11.493} = 1.044（h/台）$$

或

$$ET_7 = \frac{\sum(某电压等级设施平均计划停运小时ET_7 \times 该电压等级设施等效设施数N)}{\sum 等效设施数N}$$

$$= \frac{0.737 \times 8.137 + 1.788 \times 3.356}{8.137 + 3.356} = 1.044（h/台）$$

平均非计划停运小时：

$$ET_{13} = \frac{\sum 非计划停运小时T_{13}}{\sum 等效设施数N} = \frac{32}{11.493} = 2.784（h/台）$$

或

$$ET_{13} = \frac{\sum(某电压等级设施平均非计划停运小时ET_{13} \times 该电压等级设施等效设施数N)}{\sum 等效设施数N}$$

$$= \frac{1.966 \times 8.137 + 4.768 \times 3.356}{8.137 + 3.356} = 2.784（h/台）$$

平均强迫停运小时：

$$ET_{18} = \frac{\sum 强迫停运小时T_{18}}{\sum 等效设施数N} = \frac{32}{11.493} = 2.784（h/台）$$

或

$$ET_{18} = \frac{\sum(某电压等级设施平均强迫停运小时ET_{18} \times 该电压等级设施等效设施数N)}{\sum 等效设施数N}$$

$$= \frac{1.966 \times 8.137 + 4.768 \times 3.356}{8.137 + 3.356} = 2.784（h/台）$$

6.3 平均持续时间

评价期间内，输变电设施平均到每一次的同一类使用状态持续时间，如式（7）所示。

$$CST_k = \frac{T_k}{F_k} \qquad\qquad (7)$$

式中：

CST_k——输变电设施第 k 类使用状态的平均持续时间；

　T_k——输变电设施第 k 类使用状态的总累积时间，单位为小时（h）；

　F_k——输变电设施第 k 类状态总次数，单位为次；

　k——输变电设施该类使用状态的序号，$1 \leq k \leq 18$。

注：当输变电设施第 k 类使用状态未出现时，该状态对应的平均持续时间为0。

【条文释义】 与 DL/T 837—2020《输变电设施可靠性评价规程》中的时间类指标"连续可用小时 CSH"计算公式

$$CSH = \frac{\text{可用小时}}{\text{计划停运次数} + \text{非计划停运次数} + 1} \quad (\text{h/次})$$

以及 T/CEC 479—2021《直流输变电设施可靠性评价规程》中的时间类指标"平均连续可用小时 V_{CSH}"，计算公式

$$V_{\text{CSH}} = \frac{\text{可用小时}}{\text{计划停运次数} + \text{非计划停运次数}} \quad (\text{h/次})$$

相比，本导则定义的平均持续时间 CST_k 指标更加详细和全面，涵盖了所有 18 类状态。

设施的平均持续时间 CST_k 是将评价期间的某类使用状态的总累积时间 T_k 平均到每次时，该使用状态的平均持续时间，单位为 h/次。

根据设施属性，具体计算公式又细分为单设施、同一电压等级同类多设施和不同电压等级同类多设施三种情况。

（1）单设施：

$$\text{第}k\text{类使用状态的平均持续时间}CST_k = \frac{\text{第}k\text{类使用状态的总累积时间}T_k}{\text{设施第}k\text{类使用状态的总次数}F_k}(\text{h/次})$$

（2）同一电压等级同类多设施：

第k类使用状态的平均持续时间$CST_k=$

$$\dfrac{\sum 某设施第k类使用状态的总累积时间T_k}{\sum 某设施第k类使用状态的总次数F_k}\quad（h/次）$$

（3）不同电压等级同类多设施：

第k类使用状态的平均持续时间$CST_k=$

$$\dfrac{\sum 某设施第k类使用状态的总累积时间T_k}{\sum 某设施第k类使用状态的总次数F_k}\quad（h/次）$$

【算例7】

（1）单设施平均持续时间CST_k。如【算例3】中，220kV 变压器 A 在该年的连续备用小时：

$$CST_3=\dfrac{备用小时T_3}{备用次数F_3}=\dfrac{5+6}{2}=5.5\quad（h/次）$$

连续不可用小时：

$$CST_6=\dfrac{不可用小时T_6}{不可用次数F_6}=\dfrac{5}{1}=5\quad（h/次）$$

连续非计划停运小时：

$$CST_{13}=\dfrac{非计划停运小时T_{13}}{非计划停运次数F_{13}}=\dfrac{5}{1}=5\quad（h/次）$$

连续强迫停运小时：

$$CST_{18}=\dfrac{强迫停运小时T_{18}}{强迫停运次数F_{18}}=\dfrac{5}{1}=5\quad（h/次）$$

（2）同一电压等级同类多设施平均持续时间CST_k。如【算例3】中，220kV变压器在该年的连续备用小时：

$$CST_3=\dfrac{\sum 备用小时T_3}{\sum 备用次数F_3}=\dfrac{5+6+3}{3}=4.667\quad（h/次）$$

连续不可用小时：

$$CST_6=\dfrac{\sum 不可用小时T_6}{\sum 不可用次数F_6}=\dfrac{5+6+11}{3}=7.333\quad（h/次）$$

连续计划停运小时：

$$CST_7 = \frac{\sum 计划停运小时 T_7}{\sum 计划停运次数 F_7} = \frac{6}{1} = 6 \quad （\text{h/次}）$$

连续非计划停运小时：

$$CST_{13} = \frac{\sum 非计划停运小时 T_{13}}{\sum 非计划停运次数 F_{13}} = \frac{5+11}{2} = 8 \quad （\text{h/次}）$$

连续强迫停运小时：

$$CST_{18} = \frac{\sum 强迫停运小时 T_{18}}{\sum 强迫停运次数 F_{18}} = \frac{5+11}{2} = 8 \quad （\text{h/次}）$$

500kV 变压器在该年的连续备用小时：

$$CST_3 = \frac{\sum 备用小时 T_3}{\sum 备用次数 F_3} = \frac{6}{1} = 6 \quad （\text{h/次}）$$

连续不可用小时：

$$CST_6 = \frac{\sum 不可用小时 T_6}{\sum 不可用次数 F_6} = \frac{5+4+2+11}{4} = 5.5 \quad （\text{h/次}）$$

连续计划停运小时：

$$CST_7 = \frac{\sum 计划停运小时 T_7}{\sum 计划停运次数 F_7} = \frac{4+2}{2} = 3 \quad （\text{h/次}）$$

连续非计划停运小时：

$$CST_{13} = \frac{\sum 非计划停运小时 T_{13}}{\sum 非计划停运次数 F_{13}} = \frac{5+11}{2} = 8 \quad （\text{h/次}）$$

连续强迫停运小时：

$$CST_{18} = \frac{\sum 强迫停运小时 T_{18}}{\sum 强迫停运次数 F_{18}} = \frac{5+11}{2} = 8 \quad （\text{h/次}）$$

（3）不同电压等级同类多设施平均持续时间 CST_k。如【算例 3】中，

220kV 变压器和 500kV 变压器在该年的连续备用小时：

$$CST_3 = \frac{\sum 备用小时T_3}{\sum 备用次数F_3} = \frac{14+6}{3+1} = 5 \quad (h/次)$$

连续不可用小时：

$$CST_6 = \frac{\sum 不可用小时T_6}{\sum 不可用次数F_6} = \frac{22+22}{3+4} = 6.286 \quad (h/次)$$

连续计划停运小时：

$$CST_7 = \frac{\sum 计划停运小时T_7}{\sum 计划停运次数F_7} = \frac{6+2+4}{1+2} = 4 \quad (h/次)$$

连续非计划停运小时：

$$CST_{13} = \frac{\sum 非计划停运小时T_{13}}{\sum 非计划停运次数F_{13}} = \frac{16+16}{2+2} = 8 \quad (h/次)$$

连续强迫停运小时：

$$CST_{18} = \frac{\sum 强迫停运小时T_{18}}{\sum 强迫停运次数F_{18}} = \frac{16+16}{2+2} = 8 \quad (h/次)$$

7 比 例 类 指 标

【条文释义】本导则将 DL/T 837—2020《输变电设施可靠性评价规程》
和 T/CEC 479—2021《直流输变电设施可靠性评价规程》的可用系数、运行
系数、计划停运系数、非计划停运系数、强迫停运系数以及暴露系数，统一
划分为比例类指标。

   本导则将设施评价期间同一类使用状态的总累积时间 T_k 与不同时间的比
值，设为比例类指标。由此，次数类、时间类和比例类指标构成了完整的包
含交流输变电设施和直流输变电设施的分层分级的输变电设施运行可靠性评
价指标体系。

7.1 比例类指标体系

   比例类指标按照同一类使用状态累积时间比值的不同，划分为使用状态
累积时间比值和暴露系数。

【条文释义】比例类指标体系中，将同一类使用状态的总累积时间 T_k（可
用小时 T_1、运行小时 T_2、计划停运小时 T_7、非计划停运小时 T_{13}、强迫停运
小时 T_{18}）占评价期间使用时间 PAT 的比值，归为使用状态累积时间比值，包
括可用系数 R_1、运行系数 R_2、计划停运系数 R_7、非计划停运系数 R_{13}、强迫
停运系数 R_{18} 等共 5 种系数。将评价期间运行状态总累积时间 T_2 与可用状态
总累积时间 T_1 的比值，定义为暴露系数 EXF。

7.2 使用状态累积时间比值

评价期间内，输变电设施同一类使用状态累积时间占评价期间使用状态累积时间的比例指标，输变电设施状态对应的比例类指标名称及符号见表3。

表3 比例类指标名称及符号

输变电设施状态	使用状态累积时间比值	
	名称	符号
可用状态	可用系数	R_1
运行状态	运行系数	R_2
计划停运状态	计划停运系数	R_7
非计划停运状态	非计划停运系数	R_{13}
强迫停运状态	强迫停运系数	R_{18}

注："可用系数"符号"R_1"中的"1"为图1中的状态序号，其他指标同理。

输变电设施同一类使用状态累积时间占评价期间使用状态累积时间的比例，如式（8）所示。

$$R_k = \frac{T_k}{PAT} \times 100\% \tag{8}$$

式中：

R_k——输变电设施第 k 类使用状态占评价期间使用状态累积时间的比例；

T_k——输变电设施第 k 类使用状态的总累积时间，单位为小时（h）；

PAT——评价期间使用时间，单位为小时（h）；

k——输变电设施该类使用状态的序号，$k \in \{1, 2, 7, 13, 18\}$。

注：同类多输变电设施的使用状态累积时间比值可由单输变电设施的使用状态累积时间比值按各自的等效设施数加权平均计算。

【条文释义】在输变电设施可靠性指标中，可用系数 R_1、运行系数 R_2、计划停运系数 R_7、非计划停运系数 R_{13} 及强迫系数 R_{18} 的计算均与对应设施状

态的累积时间 T_k 有关，都是通过这 5 种状态的累积时间 T_k 占评价期间使用时间 PAT 的比例来计算，因此本导则将以上 5 类指标归为比例类指标中的"使用状态累积时间比值"类指标。

可用系数 R_1 是指在评价期间内，输变电设施可用小时数 T_1 与评价期间使用小时数 PAT 的比值，用百分比表示，反映了输变电设施的可用概率，是输变电设施的重要评价指标。应通过对输变电设施进行有效的技改、提高输变电设施运行稳定性、加强运行人员培训减少误操作等措施提高设施的可用系数。

运行系数 R_2 是指在评价期间内，输变电设施运行小时数 T_2 与评价期间使用时间数 PAT 的比值，用百分比表示，反映了输变电设施的运行水平，该指标直接反映出输变电设施运行时间的长短。运行系数 R_2 与可用系数 R_1 的区别在于，可用系数 R_1 分子中包含了备用时间 T_3；在同样的可用系数的情况下，设施的运行系数越高，说明设施的备用时间越短。

计划停运系数 R_7 是指在评价期间内，输变电设施计划停运小时数 T_7 与评价期间使用小时数 PAT 的比值，用百分比表示。设施的计划停运系数大，说明设施检修时间较长，可能发生了较大的设施问题或存在较大的设施改造；如果没有发生大的设施问题或进行较大的设施改造，则说明存在检修管理不到位的问题。

非计划停运系数 R_{13} 是指在评价期间内，输变电设施非计划停运小时数 T_{13} 与评价期间使用小时数 PAT 的比值，用百分比表示。非计划停运系数是评价电力企业生产管理的重要指标，可以直接反映出设备的运行水平、检修质量、设备管理水平等问题。

强迫停运系数 R_{18} 是指在评价期间内，输变电设施强迫停运小时数 T_{18}（第一类非计划停运小时 T_{14} 与第二类非计划停运小时 T_{15} 之和）与评价期间使用小时数 PAT 的比值，用百分比表示。强迫停运系数反映了四类非计划停运状态中第一、二类非计划停运时间的长短。

根据设施属性，具体计算公式又细分为单设施、同一电压等级同类多设施和不同电压等级同类多设施三种情况。

（1）单设施：

第k类使用状态占评价期间使用状态累积时间的比例

$$R_k = \frac{第k类使用状态的总累积时间T_k}{评价期间使用时间PAT} \quad (\%)$$

（2）同一电压等级同类多设施：

$$\begin{aligned}
\text{第}k\text{类使用状态占评价期间} \atop \text{使用状态累积时间的比例}R_k &= \frac{\sum 某设施第k类使用状态的总累积时间T_k}{\sum 某设施评价期间使用时间PAT} \\
&= \frac{\sum (某设施使用状态累积时间的比例R_k \times 该设施等效设施数N)}{\sum 某设施的等效设施数N}(\%)
\end{aligned}$$

（3）不同电压等级同类多设施：

$$\begin{aligned}
\text{第}k\text{类使用状态占评价期间} \atop \text{使用状态累积时间的比例}R_k &= \frac{\sum 某设施第k类使用状态的总累积时间T_k}{\sum 某设施评价期间使用时间PAT} \\
&= \frac{\sum (某电压等级设施的使用状态累积时间的比例R_k \times 该设施等效设施数N)}{\sum 等效设施数N}(\%)
\end{aligned}$$

【算例 8】

（1）单设施使用状态累积时间比值 R_k。如【算例 3】中，220kV 变压器 A 在该年的可用率：

$$R_1 = \frac{可用小时T_1}{评价期间使用时间PAT} \times 100\% = \frac{7123}{7128} \times 100\% = 99.93\%$$

运行系数：

$$R_2 = \frac{运行小时T_2}{评价期间使用时间PAT} \times 100\% = \frac{7112}{7128} \times 100\% = 99.776\%$$

非计划停运系数：

$$R_{13} = \frac{非计划停运小时T_{13}}{评价期间使用时间PAT} \times 100\% = \frac{5}{7128} \times 100\% = 0.07\%$$

（2）同一电压等级同类多设施使用状态累积时间比值 R_k。如【算例 3】中，220kV 变压器在该年的可用系数：

$$R_1 = \frac{\sum 可用小时 T_1}{\sum 评价期间使用时间 PAT} \times 100\% = \frac{71258}{7128 \times 10} \times 100\% = 99.969\%$$

运行系数：

$$R_2 = \frac{\sum 运行小时 T_2}{\sum 评价期间使用时间 PAT} \times 100\% = \frac{71244}{7128 \times 10} \times 100\% = 99.950\%$$

计划停运系数：

$$R_7 = \frac{\sum 计划停运小时 T_7}{\sum 评价期间使用时间 PAT} \times 100\% = \frac{6}{7128 \times 10} \times 100\% = 0.008\%$$

非计划停运系数：

$$R_{13} = \frac{\sum 非计划停运小时 T_{13}}{\sum 评价期间使用时间 PAT} \times 100\% = \frac{16}{7128 \times 10} \times 100\% = 0.022\%$$

强迫停运系数：

$$R_{18} = \frac{\sum 强迫停运小时 T_{18}}{\sum 评价期间使用时间 PAT} \times 100\% = \frac{16}{7128 \times 10} \times 100\% = 0.022\%$$

500kV 变压器在该年的可用系数：

$$R_1 = \frac{\sum 可用小时 T_1}{\sum 评价期间使用时间 PAT} \times 100\% = \frac{29378}{5880 \times 5} \times 100\% = 99.925\%$$

运行系数：

$$R_2 = \frac{\sum 运行小时 T_2}{\sum 评价期间使用时间 PAT} \times 100\% = \frac{29372}{5880 \times 5} \times 100\% = 99.905\%$$

计划停运系数：

$$R_7 = \frac{\sum 计划停运小时 T_7}{\sum 评价期间使用时间 PAT} \times 100\% = \frac{4+2}{5880 \times 5} \times 100\% = 0.0204\%$$

非计划停运系数：

$$R_{13} = \frac{\sum 非计划停运小时 T_{13}}{\sum 评价期间使用时间 PAT} \times 100\% = \frac{16}{5880 \times 5} \times 100\% = 0.054\%$$

强迫停运系数：

$$R_{18} = \frac{\sum 强迫停运小时 T_{18}}{\sum 评价期间使用时间 PAT} \times 100\% = \frac{16}{5880 \times 5} \times 100\% = 0.054\%$$

（3）不同电压等级同类多设施使用状态累积时间比值 R_k。如【算例3】中，220kV 变压器和 500kV 变压器在该年的可用系数：

$$R_1 = \frac{\sum 可用小时 T_1}{\sum 评价期间使用时间 PAT} \times 100\% = \frac{71258 + 29378}{7128 \times 10 + 5880 \times 5} \times 100\% = 99.956\%$$

或

$$R_1 = \frac{\sum (某电压等级设施可用系数 R_1 \times 该电压等级设施评价期间使用时间 PAT)}{\sum 评价期间使用时间 PAT}$$

$$= \frac{99.969\% \times 71280 + 99.925\% \times 29400}{7128 \times 10 + 5880 \times 5} \times 100\% = 99.956\%$$

运行系数：

$$R_2 = \frac{\sum 运行小时 T_2}{\sum 评价期间使用小时 PAT} \times 100\% = \frac{71244 + 29372}{7128 \times 10 + 5880 \times 5} \times 100\% = 99.936\%$$

或

$$R_2 = \frac{\sum (某电压等级设施运行系数 R_2 \times 该电压等级设施评价期间使用时间 PAT)}{\sum 评价期间使用时间 PAT}$$

$$= \frac{99.950\% \times 71280 + 99.905\% \times 29400}{7128 \times 10 + 5880 \times 5} \times 100\% = 99.936\%$$

计划停运系数：

$$R_7 = \frac{\sum 计划停运小时 T_7}{\sum 评价期间使用小时 PAT} \times 100\% = \frac{6 + 4 + 2}{7128 \times 10 + 5880 \times 5} \times 100\% = 0.012\%$$

或

$$R_7 = \frac{\sum (某电压等级设施计划停运系数 R_7 \times 该电压等级设施评价期间使用时间 PAT)}{\sum 评价期间使用时间 PAT}$$

$$= \frac{0.008\% \times 71280 + 0.0204\% \times 29400}{7128 \times 10 + 5880 \times 5} \times 100\% = 0.012\%$$

非计划停运系数：

$$R_{13} = \frac{\sum 非计划停运小时 T_{13}}{\sum 评价期间使用时间 PAT} \times 100\%$$

$$= \frac{16+16}{7128 \times 10 + 5880 \times 5} \times 100\% = 0.032\%$$

或

$$R_{13} = \frac{\sum (某电压等级设施非计划停运系数 R_{13} \times 该电压等级设施评价期间使用时间 PAT)}{\sum 评价期间使用时间 PAT}$$

$$= \frac{0.022\% \times 71280 + 0.054\% \times 29400}{7128 \times 10 + 5880 \times 5} \times 100\% = 0.032\%$$

强迫停运系数：

$$R_{18} = \frac{\sum 强迫停运小时 T_{18}}{\sum 评价期间使用时间 PAT} \times 100\% = \frac{16+16}{7128 \times 10 + 5880 \times 5} \times 100\% = 0.032\%$$

或

$$R_{18} = \frac{\sum (某电压等级设施强迫停运系数 R_{18} \times 该电压等级设施评价期间使用时间 PAT)}{\sum 评价期间使用时间 PAT}$$

$$= \frac{0.022\% \times 71280 + 0.054\% \times 29400}{7128 \times 10 + 5880 \times 5} \times 100\% = 0.032\%$$

7.3 暴露系数

运行状态累积时间占可用状态累积时间的比例，如式（9）所示。

$$EXF = \frac{T_2}{T_1} \times 100\% \qquad\qquad (9)$$

式中：

EXF——暴露系数；

T_2——评价期间内输变电设施运行状态总累积时间，单位为小时（h）；

T_1——评价期间内输变电设施可用状态总累积时间，单位为小时（h）。

【条文释义】暴露系数 EXF 为输变电设施可靠性主要指标之一，为评价期间内输变电设施运行小时数 T_2 与可用小时数 T_1 的比值，其中可用小时数

T_1 等于运行小时数 T_2 与备用小时数 T_3 之和。设施的暴露系数越高,说明设施运行时间越长,备用时间越短;反之,暴露系数越低,说明设施运行的时间越短,备用时间越长。

根据设施属性,具体计算公式又细分为单设施、同一电压等级同类多设施和不同电压等级同类多设施三种情况。

(1)单设施:

$$暴露系数EXF = \frac{评价期间设施运行状态总累积时间T_2}{评价期间设施可用状态总累积时间T_1} \times 100\%$$

(2)同一电压等级同类多设施:

$$暴露系数EXF = \frac{\sum 某设施评价期间设施运行状态总累积时间T_2}{\sum 某设施评价期间设施可用状态总累积时间T_1} \times 100\%$$

(3)不同电压等级同类多设施:

$$暴露系数EXF = \frac{\sum 某设施评价期间设施运行状态总累积时间T_2}{\sum 某设施评价期间设施可用状态总累积时间T_1} \times 100\%$$

【算例9】

(1)单设施暴露系数 EXF。如【算例3】中,220kV 变压器 A 在该年的暴露系数:

$$EXF = \frac{运行小时T_2}{可用小时T_1} \times 100\% = \frac{7128 - (5+6+5)}{7128 - 5} \times 100\% = 99.846\%$$

220kV 变压器 D 在该年的暴露系数:

$$EXF = \frac{运行小时T_2}{可用小时T_1} \times 100\% = \frac{7128 - (6+3+11)}{7128 - (6+11)} \times 100\% = 99.958\%$$

500kV 变压器 B 在该年的暴露系数:

$$EXF = \frac{运行小时T_2}{可用小时T_1} \times 100\% = \frac{5880 - (5+6+4)}{5880 - (5+4)} \times 100\% = 99.898\%$$

500kV 变压器 E 在该年的暴露系数:

$$EXF = \frac{运行小时T_2}{可用小时T_1} \times 100\% = \frac{5880 - (2+11)}{5880 - (2+11)} \times 100\% = 100\%$$

（2）同一电压等级同类多设施暴露系数 EXF。如【算例 3】中，220kV 变压器在该年的暴露系数：

$$EXF = \frac{\sum 运行小时 T_2}{\sum 可用小时 T_1} \times 100\% = \frac{7128 \times 10 - (5+6+11+5+6+3)}{7128 \times 10 - (5+6+11)} \times 100\%$$

$$= \frac{71244}{71258} \times 100\% = 99.980\%$$

500kV 变压器在该年的暴露系数：

$$EXF = \frac{\sum 运行小时 T_2}{\sum 可用小时 T_1} \times 100\% = \frac{5880 \times 5 - (5+2+11+4+6)}{5880 \times 5 - (5+2+11+4)} \times 100\%$$

$$= \frac{29372}{29378} \times 100\% = 99.980\%$$

（3）不同电压等级同类多设施暴露系数 EXF。如【算例 3】中，220kV 变压器和 500kV 变压器在该年的暴露系数：

$$EXF = \frac{\sum 运行小时 T_2}{\sum 可用小时 T_1} \times 100\% = \frac{71244 + 29372}{71258 + 29378} \times 100\% = 99.980\%$$

8 指 标 计 算

【条文释义】本章对输变电设施运行可靠性指标计算步骤进行了简要明了的说明，按照指标的逻辑关系，给出了推荐的计算步骤。

🖜 -------

8.1 计算步骤

根据各指标的内在逻辑关系，输变电设施运行可靠性评价指标的推荐性计算步骤如下：

a）确定评价对象和评价期间，明确评价对象的状态分类；

b）计算评价对象的评价期间时间、评价期间使用时间和等效设施数；

c）计算评价对象在评价期间内的次数类指标；

d）计算评价对象在评价期间内的时间类指标；

e）计算评价对象在评价期间内的比例类指标。

------- 🖝

【条文释义】该条款给出了可靠性评价指标的推荐计算步骤。在计算过程中需要注意的重点事项如下：

a）首先要确定评价对象，需要根据输变电设施的定义和统计范围划分原则明确评价对象的统计范围，可参考本导则3.1"输变电设施"条文注释。

其次，评价期间可以为年度、季度、月度，根据评价实际需要进行选择。

再次，要明确评价对象的状态分类，能够正确对设施可靠性运行事件状态进行判断，这也是影响可靠性评价准确性的重点因素之一。输变电设施可靠性运行事件状态判断的简要流程如图8-1所示。

（1）设施停运与不停运判断。

（2）设施停运的计划与非计划判断。有年度、季度、月度计划的为计划停运，否则为非计划停运。

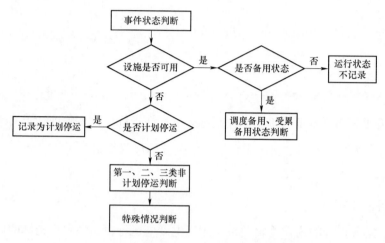

图 8-1　输变电设施可靠性运行事件状态判断流程图

（3）第一、二、三类非计划停运事件判断。简单判断原则为：设施发生异常事件，如果立即停运的为第一类非计划停运，如果能延迟到 24h 后停运的为第三类非计划停运，否则为第二类非计划停运，即虽没立即停运但在 24h 之内停运。

（4）调度停运备用与受累备用判断。设施本身可用，但因系统运行方式需要，由调度命令而备用的为调度停运备用。设施本身可用，但因相关设施的停运而被迫退出运行状态的停运为受累备用。

（5）特殊情况判断。特殊情况判断表见表 8-1。

表 8-1　　　　　　　　　特 殊 情 况 判 断 表

第四类非计划停运	设施计划停运，但工作时间超过调度批准的停运时间，超时的部分
	设施处于备用状态，经调度批准进行年度、季度、月度计划外的检修工作，包括超过调度规定时间的停运部分
第三类非计划停运	由于其他电力设施故障引起输变电设施停运，设施未发生损坏，进行了年度、季度、月度计划外的试验和检查
第一类非计划停运	由于其他电力设施故障引起的输变电设施停运，设施发生损坏的
	由于人员责任误碰、误操作或继电保护、自动装置非正确动作（包括拒动和误动），二次回路、远动或通信设施异常等引起设施的停运，受保护（或受控制）的主设施。 其他输变电设施发生损坏的

明确了输变电设施可靠性运行事件状态后，还需要对可靠性停运时间进行统计，这是可靠性运行数据的关键信息，时间的统计准确与否直接影响最终的指标计算以及后面的指标分析与应用。设施停运事件的时间统计依据有运行日志、工作票和操作票。统计方法可参考本指南的 9.5 "输变电设施运行数据管理"。

b）计算评价对象的评价期间时间时，要注意平年和闰年的区别。在计算评价期间使用时间时，要注意设施的实际投入运行时间。在计算等效设施数时，要注意单设施和多设施的区别，以及具有不同单位的输变电设施的等效设施数计算（如架空线路、电缆线路、接地极线路、直流输电线路、组合电器）。

通过 a）确定了评价对象的评价期间和可靠性事件的统计次数和时间，并通过 b）计算得到评价对象的评价期间时间、评价期间使用时间和等效设施数后，就可以根据以上统计或计算得到的数据进行 c）次数类指标、d）时间类指标和 e）比例类指标的计算。

输变电设施运行可靠性评价指标计算首先要确定评价对象和评价对象的状态分类，以及事件时间的统计，这也是可靠性数据管理中最重要的内容，包括输变电设施基础数据管理和运行数据管理两项基本工作。其主要工作内容是依据可靠性评价规程、可靠性管理信息系统数据接口规范等规定，进行基础数据、运行数据等相关信息的收集、整理、维护、统计及上报等工作。输变电设施及系统数据管理须严格遵循及时性、准确性、完整性的"三性"要求。只有设施的基础数据、运行数据统计完整并准确无误，才能保证可靠性评价指标计算的准确性，从而开展输变电可靠性数据分析及应用。

8.2 计算方法

本文件以变压器为例，给出了 10 类指标（可用系数、运行系数、计划停运系数、非计划停运系数、强迫停运系数、暴露系数、不可用率、计划停运率、非计划停运率、强迫停运率）的计算方法，见附录 B。

【条文释义】该条款根据本导则 8.1 推荐的计算步骤，在附录 B 中以变压器为例，给出了具体的指标计算示例。算例中的原始数据按照电力生产的实际进行了整理，按照两种不同使用场景，由浅入深地设计了两个变压器可靠性指标算例，使本导则具备良好的实用性和可操作性。

考虑到线路和组合电器的指标计算方法与变压器等设施的指标计算略有不同，本指南在导则附录 B 后增加了附录 C 线路和附录 D 组合电器的计算说明与计算示例。直流输变电设施的可靠性指标计算方法与交流输变电设施的指标计算方法相同，如换流变压器可靠性指标计算可参考普通电力变压器的指标计算示例，直流输电线路的可靠性指标计算可参考架空线路的指标计算说明和示例。为了进一步说明，在附录 E 中增加了直流输变电设施中的换流阀可靠性指标计算示例。

---

9 输变电设施可靠性数据管理典型案例

输变电设施可靠性数据管理是输变电可靠性管理工作的重要环节，也是输变电可靠性指标统计、数据分析与应用的基础。主要分为输变电设施的可靠性编码、基础数据管理、运行数据管理、数据维护作业四个方面。

本章主要结合典型案例对输电变设施可靠性基础数据和运行数据管理进行简要介绍，重点对靠性运行数据管理中易混淆的问题，特别是输变电设施各类使用状态的判定和时间统计进行了说明。

9.1 案例设计说明

本典型案例参考某省电力公司的 220kV A 变电站及部分架空输电线路的基础数据及 2020 年的运行数据；为了能较全面地覆盖可靠性数据指标种类并减少重复计算，对部分数据进行了适当的删减和修改，在具体案例设计中也参考和引用了电力可靠性管理培训的相关系列教材和工作手册中的部分案例。

220kV A 变电站电气主接线示意图如图 9−1 所示。

该变电站为 220、110、35kV 三级电压，220kV 电气主接线为双母线接线，220kV 出线 4 回。110kV 电气主接线也采用双母线接线，110kV 出线 4 回。

220kV A 变电站部分主要电气设备见表 9−1。

表 9−1　　　　　　　　220kV A 变电站部分主要电气设备

设备电压等级	设备名称	数量	设备电压等级	设备名称	数量
主变压器	三相变压器	2 台		SF_6 断路器	7 台
220kV 设备	SF_6 断路器	7 台	110kV 设备	隔离开关	18 组
	隔离开关	19 组		电流互感器	18 台
	电流互感器	18 台		电压互感器	10 台
	电压互感器	10 台		避雷器	4 台
	避雷器	6 台			

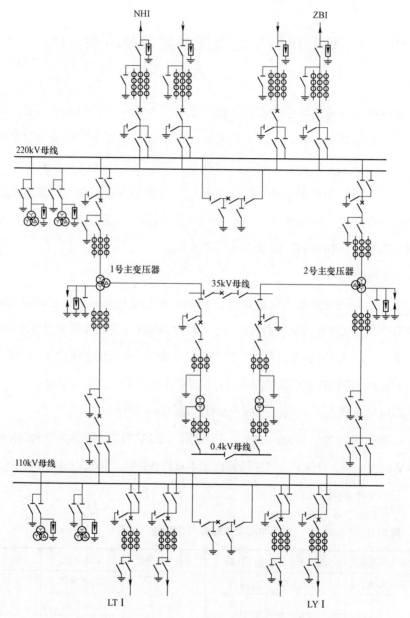

图 9－1　220kV A 变电站电气主接线示意图

与 220kV A 变电站相关的部分架空线路见表 9－2。

电压等级（kV）	线路名称	线路条数	线路长度（km）
110	LT I 线	1	4.86
110	LY I 线	1	7.64
220	NH I 线	1	16.8
220	ZB I 线	1	10.5

9.2 输变电设施可靠性编码

输变电设施编码体系主要包括企业编码体系、设备制造（设计、施工）企业编码体系、变电设施编码体系和线路编码体系。

企业（单位）代码、设备（施）代码、技术原因代码和责任原因代码的编制，按照中国电力企业联合会可靠性管理中心编制的 DL/T 1714—2016《电力可靠性管理代码规范》的规定进行填写。对于《电力可靠性管理代码规范》暂未编入的企业（单位）代码，其代码由企业申请，中国电力企业联合会可靠性管理中心统一给定。

变电站编码指供电企业的降压变电站、发电厂的升压变电站、开关站、换流站的编码，由发电厂、地市级电力企业统一编制并填入输变电可靠性管理信息系统。

设备（施）安装位置编码是设备（施）在变电站的位置编码，由变电站自行编制，编制时必须遵循同一变电站的设备不能有相同编码的原则。设施替代时，退役设施的安装位置代码转移给新替代的设施。

线路编码包括架空线路编码、电缆线路编码和混合线路编码。

具体的变电站编码、安装位置编码及线路编码说明和示例可参考相关规程和培训教材。

9.3 输变电设施基础数据管理

基础数据管理是统计输变电设施可靠性评价指标，进行可靠性数据分析和应用的基础。输变电设施基础数据管理包括基础数据的收集、整理、维护及审核，应依据《电力可靠性监督管理办法》、DL/T 837—2020《输变电设施可靠性评价规程》、DL/T 1839.2—2018《电力可靠性管理信息系统数据接口规范 第 2 部分：输变电设施》等相关规章制度开展工作，以计算机及网络系统为工具，通过"信息系统"来实现数据填报。

9.3.1 基础数据管理流程

基础数据管理流程主要包括数据收集、整理，数据审核，数据维护、修改。为确保信息系统中输变电可靠性基础数据的准确性，要严格基础数据上报管理，明确上报时间，定时对数据进行锁定，以避免各级人员任意修改上报数据。如确有必要进行数据修改时，应按规定逐级报上级主管单位认可，经最上级可靠性管理人员确认后方可进行修改。输变电设施基础数据管理的工作流程如图 9－2 所示。

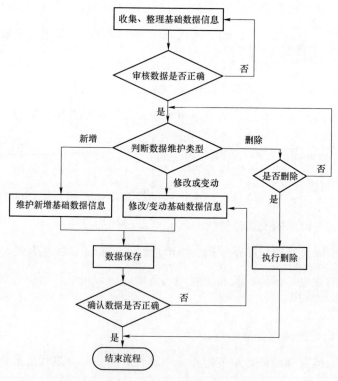

图 9－2 输变电设施基础数据管理工作流程图

（1）基础数据收集、整理。基础数据收集、整理是指对设施进行命名，并进行注册、更变、退出。基础数据收集主要根据相关资产信息和图纸，主要是电网一次接线图、设备铭牌或设备说明、设备资产台账、设备变更单和技改大修工程设备资产信息等。来源部门主要是线路及设备主管部门、工程建设部门、变电运维部门、变电检修部门、输电部门等。

基础数据整理是指对新增、变更的台账及变更信息进行收集，按照一定的格式进行整理并填写相应的表格，编制相应的编码。必须保证数据准确性、完整性并及时填写、上报。

（2）基础数据审核。基础数据审核时应遵循的原则为：基础数据与设施台账相符、设施台账与现场实际相符；基础数据参数与设施台账参数相符、设施台账参数与现场铭牌参数相符；基础数据的投退、变动与台账相符，设施台账的投退、变动与现场相符。新增和变更数据是重点审核对象。

9.3.2 常见问题及主要注意事项

（1）电气主接线上的设备数量与可靠性注册的设备数量通常是不一致的，主要有以下几个方面：① 分相设备在接线图中通常仅以单相形式出现，而在可靠性注册表中按照可靠性评价规程需要注册为 3 台，如分相变压器、互感器、避雷器等；② 有调度独立命名而实际非独立资产、从属于主隔离的接地开关，在可靠性注册表中不进行注册；③ 电气主接线中体现的耦合电容器、阻波器，不再进行可靠性统计；④ 组合电器内部元件在主接线图中以元件功能形式体现，在可靠性中应作为组合电器内部元件注册。

（2）输变电设施的界限划分错误。在进行输变电设施可靠性统计时，需要准确的将可靠性事件与设施相对应，对设施可靠性指标进行统计和分析，这就要求对输变电设施进行界限划分。具体界限划分可参考相关培训教材中有关输变电设施界限划分的内容。

（3）原位置设备更换后，没有办理原设备退出后再进行新设备的注册而导致无法注册等。

（4）线路改造完毕后，由于线路改接，线路更换了名称，则需将原线路退出，重新注册新线路并进行基础数据维护；如果线路 T 接了新站，则应先录入时间再对原线路基础数据进行变更；对于线路 π 接、全线改造，原线路按停运时间点直接办理退出，再重新注册新设施。如果只是因为电网调度运行需要，仅对线路名称进行了更改，也需要按照更名日期对线路名称注册，并对所对应变电站间隔设备进行名称的修改。

（5）对于进行增容改造的变压器、断路器、母线等变电设施，原设施应按停运时间直接办理退出，再重新注册新设施。

（6）设施注册数据遗漏、注册单位不正确等。如站用变压器注册数据遗漏；组合电器内部元件注册数据不齐全、不完整，注册单位不正确。组合电器三相为一套，通常一个电压等级的组合电器注册为一套，只有当不同间隔间的组合电器没有任何电气联系或虽有电气联系却采用了不同厂家或不同类型的设备时，才将其分别注册成多套组合电器。

（7）"台""套"为相同单位，是针对不同设施类型时同一概念的不同说法。

（8）其他常见数据填写错误问题。

1）变压器容量填写错误，将 kVA 当成 MVA。

2）线路性质填写错误，错误选择架空线路的交流、直流性质。

3）制造厂家名称填写不准确，基础数据中必须填写设备制造厂家名称。

4）漏填调度单位、管理单位、电网单位信息。

5）投运日期填写错误。来自异地重新投入运行的输变电设施，其投运日期应不变，注册日期改为设施重新投入电网运行的日期。

6）混淆"退出"与"退役"的区别。"退役"是指设施报废，不会再投入电网使用；"退出"一般是指设施离开原安装位置，经过返厂检修或其他形式检修等过程，一段时间后可能会重新投入使用。

9.3.3 输变电设施基础数据管理案例

【例 9-1】以 220kV A 变电站 1 号主变压器为例，其注册表和型式注册表见表 9-3、表 9-4。

表 9－3　　　　　　　220kVA 变电站 1 号主变压器注册表

单位代码及名称	变电站代码及名称	安装位置代码及名称	电压等级（kV）	型号	型式
××省电力公司	××省电力公司220kVA 变电站	100B1DS1 1 号主变压器	220	SZ11－100000/220	SSFZOFAN

容量（MVA）	制造厂代码及名称	出厂日期	投运日期	备注
100	91310000607256491M ××变压器厂	2008 年 9 月 3 日	2009 年 4 月 28 日	

表 9－4　　　　　　　220kVA 变电站 1 号主变压器型式注册表

第一位	第二位	第三位	第四位	第五位	第六位	第七位	第八位
S：三相 D：单相	S：三绕组 E：双绕组	O：自耦 F：非自耦	Z：有载调压 W：无励磁调压	O：油绝缘 G：SF_6 绝缘	内部冷却方式 N：自然循环 F：强迫循环 D：强迫导向循环	外部冷却方式 N：自然循环 A：空气 W：水	N：自然循环 F：强迫循环
S	S	F	Z	O	F	A	N

220kVA 变电站 1 号主变压器基础数据表见表 9－5。

表 9－5　　　　　　　220kVA 变电站 1 号主变压器基础数据表

基础数据表公共属性			
数据元素名	取值范围	示例	备注
设备 ID	（1）三级企业内不可重复；（2）值不可为空	××××××××××	
安装位置代码	（1）遵循 DL/T 1714—2016 编码要求；（2）不可重复；（3）值不可为空	100B1DS1	
安装位置名称	（1）不可重复；（2）值不可为空	1 号主变压器	
变电站代码	（1）从变电站代码表中选取；（2）值不可为空	××××××	
省名称	（1）填写省、自治区、直辖市全称；（2）值不可为空	××省	

数据元素名	取值范围	示例	备注
调度单位代码	（1）从单位代码表中单位属性为2的单位代码中选取； （2）值不可为空	××××××××××	
控股单位代码	（1）从单位代码表中单位属性为3的单位代码中选取； （2）值不可为空	××××××××××	
设施类别	（1）从附录A表A.1中选取； （2）值不可为空	变压器	
型号规格	（1）从附录A表A.1中选取； （2）值不可为空	SZ11－100000/220	
区域类型	（1）从附录A表A.1中选取； （2）值不可为空	1	主城网
电压等级	（1）从附录A表A.1中选取； （2）值不可为空	9	220kV
容量	值不可为空	100	变压器容量单位为MVA，电抗器容量单位为kvar，电力互感器、电压互感器、避雷器容量单位为VA
制造单位代码	（1）从设计制造施工单位代码表中选取； （2）值不可为空	91310000607256491M	
出厂编号	值不可为空	2008－121	
出厂日期	（1）格式为yy/mm/dd； （2）早于投运日期； （3）值不可为空	2008/09/03	
注册日期	（1）格式为yy/mm/dd； （2）晚于投运日期； （3）不早于所属变电站注册日期； （4）值不可为空	2009/05/21	
注销日期	（1）格式为yy/mm/dd； （2）晚于投运日期； （3）不晚于所属变电站注册日期； （4）值不可为空		
投运日期	（1）格式为yy/mm/dd； （2）值不可为空	2009/04/28	
退运日期	（1）格式为yy/mm/dd； （2）晚于投运日期； （3）不早于注销日期； （4）值不可为空		

数据元素名	取值范围	示例	备注
注销原因说明	值可为空		
备注	值可为空		
基础数据表特殊属性			
设备型式	(1)参照 DL/T 837—2020 中表 2 变压器型式注册表; (2)值不可为空	SSFZOFAN	
中性点接地方式	(1)从附录 A 表 A.1 中选取; (2)值不可为空	1	直接接地
接线组别	(1)变压器接线组别由三部分组成,第一部分为一次侧绕组接线方式,可选 Y、YN 或 D;第二部分为二次侧绕组接线方式,可选 y、yn 或 d;第三部分为一、二次侧线电压的相位关系,可选 0～11 任意一个自然数; (2)值不可为空	YnynPd11	
调压方式	(1)从附录 A 表 A.1 中选取; (2)值不可为空	1	有载调压

【例 9-2】2020 年 7 月 13 日将 ZB I 线开断接入 220kV CZ 变电站,线路改名为 ZC I 线,并于 7 月 24 日投运。ZB I 间隔的变电设施由于其功能、安装位置都未发生变化,只需注册数据即可;但是线路设施由于命名、长度、杆塔基数等都发生了变化,所以必须进行基础变动数据的录入。可靠性管理人员在 7 月及时在信息系统的设施变动录入中选择 ZB I 线将其退出,并重新注册新线路 ZC I 线的数据,ZC I 线架空线路注册表见表 9-6。

表 9-6　　　　　　　　ZC I 线架空线路注册表

单位代码及名称	线路代码及名称	电压等级(kV)	交、直流类型	杆塔类型及基数		设计单位代码及名称	施工单位代码及名称	投运日期
				铁塔	水泥			
××省电力公司	ZC I 线	220	交流	49		××省××设计院	××省××工程公司	2020 年 7 月 24 日

9.4　输变电设施运行数据管理

输变电设施的运行数据包含了输变电设施投运后的寿命周期内每一次停

运事件的相关信息，如输变电设施停运的时间、事件定性、停运原因、事件编码等内容。输变电设施运行数据的管理包括收集、整理、维护及审核等环节。运行数据填写的正确性对评价设施起到关键作用，可靠性人员必须掌握设施停运状态分类、停运事件定性、时间统计以及原因编码等的填写。输变电设施运行数据管理的工作流程如图9-3所示。

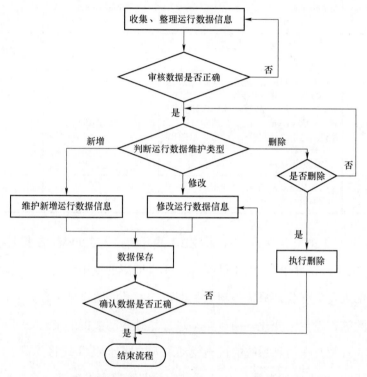

图9-3 输变电设施运行数据管理工作流程图

9.4.1 运行数据的收集与整理

运行数据的收集和整理要求对输变电设施的运行信息进行收集，按照一定的格式进行整理。数据收集的主要内容包括以下内容。

（1）生产工作计划：年度、季度、月度生产计划。

（2）调度运行记录：设施运行数据记录时间范围内的调度运行日志。

（3）输变电运维记录：设施运行数据记录时间范围内的变电运维记录（包括变电运行日志、变电站检修记录、事故跳闸记录）。

（4）工作票：输变电设施运行数据记录时间范围内的工作票及工作票记录等。

（5）操作票：输变电设施运行数据记录时间范围内的操作票及操作票记录等。

（6）检修记录：输变电设施运行数据记录时间范围内的设施检修记录。

以上设施运行数据记录时间范围一般为本周或本月，根据上述收集到的信息，先进行数据的初步整理。

9.4.2 运行数据维护

数据维护人员应在当月内及时将整理后的信息填入信息系统。在输变电设施投入运行后的寿命周期内，会发生计划、非计划、备用共三类停运事件（停运事件的状态分类详见相关章节条文释义内容）。工作人员根据上述收集到的信息，对停运事件的性质、时间进行准确维护。

9.4.2.1 设施停运事件性质的判断

对计划停运事件、非计划停运事件、备用停运事件进行判断。可参考相关章节条文释义内容。

9.4.2.2 设施停运事件时间的判断

对停运事件的性质进行判断后，需要准确统计各类停运事件的持续时间，进而进行可靠性指标的计算。

输变电设施各类停运事件的起始和停止统计时间如图9-4所示。

输变电设施运行事件起止时间的填报规定如下：

（1）输变电设施计划停运起止时间分别以工作票上的"许可开始工作时间"和"工作终结时间"为准。当同一设备停电同时有几张工作票时，"停电开始时间"以各工作票中许可开始工作时间最早的为准，"停电结束时间"以各工作票中工作终结时间最晚的为准。

对于由于电网运行要求，且因同一工作任务断续停运的设施，允许填写一条记录，其计划停运起始时间按工作票上最初一次的"许可开始工作时间"填写，终止时间按实际停运时间累计之和折算后的时间填写。

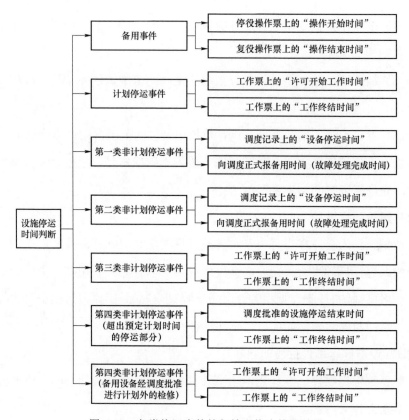

图 9-4　各类停运事件的起始和停止统计时间

（2）输变电设施非计划停运起止时间按照以下规定填写：

第一、二类非计划停运起止时间分别以调度记录上的"设备停运时间"和"向调度正式报备用时间"为准。

第三类非计划停运起止时间分别以工作票上的"许可开始工作时间"和"工作终结时间"为准。

第四类非计划停运，计划停运的各类设施，若不能如期恢复其可用状态，超过预定计划时间的停运部分的起始时间，以该设施计划停运的终止时间为准，终止时间以正式向调度报备用的时间为准；处于备用状态的设施，经调度批准进行检修工作的停运起止时间，以工作票上的"许可开始工作时间"和"工作终结时间"为准。

（3）输变电设施备用停运起止时间从设施停电操作票上的"操作开始时

间"至送电操作票上的"操作结束时间"为止。

输变电设施在检修作业时产生的备用事件也应录入，统计时间包括检修前备用停运时间和检修后备用停运时间。检修前备用停运时间从设施停电操作票上的"操作开始时间"至工作票上的"许可开始工作时间"为止。

检修后备用停运时间从设施工作票上的"工作终结时间"至送电操作票上的"操作结束时间"为止。

（4）带电作业起止时间分别以工作票上的"许可开始工作时间"和"工作终结时间"为准。

9.4.2.2.1 备用事件的时间统计

备用事件的时间统计从设施停役操作票"操作开始时间"开始至复役操作票"操作结束时间"为止。

【例9-3】线路受累备用的运行数据维护。

因市政工程建设施工，计划于2020年1月1~5日期间220kV NH Ⅰ线陪停。线路停电操作开始时间为2020年1月1日9:00，线路送电操作结束时间为2020年1月5日15:00。

线路工作票内容如下。

（1）工作内容：220kV NH Ⅰ线因市政工程建设施工而陪停。

（2）计划工作时间：2020年1月1日8:30~1月5日17:30。

（3）许可开始工作时间：2020年1月1日9:30。

（4）工作终结时间：2020年1月5日14:30。

填写线路运行数据时，应以操作票上的"线路停电操作开始时间"和"线路送电操作结束时间"为准。线路运行数据填写对照表见表9-7。

表9-7　　　　　　　　　线路运行数据填写对照表

下属单位	线路名称	状态分类	停备开始时间	恢复运行时间	天气状态	电压等级
××电力公司	220kV NH Ⅰ线	受累备用	2020-01-01 9:00	2020-01-05 15:00	晴	220kV

作业前持续时间	停运持续时间	作业后持续时间	任务号	任务描述	备注说明
—	102h	—	××××××	配合市政改造线路陪停	配合市政改造线路陪停

9.4.2.2.2 计划停运事件的时间统计

输变电设施计划停运的起始时间按工作票上的"许可开始工作时间"统计，终止时间按工作票上的"工作终结时间"统计。

输变电设施计划停运时间的选择：设备停运时间—停电操作票上的"操作开始时间"；许可开工时间—工作票上的"许可开始工作时间"；工作终结时间—工作票上的"工作终结时间"；恢复运行时间—送电操作票上"操作结束时间"。

【例9-4】主变压器预试工作的运行数据维护。

按照月度计划：220kV A 变电站的 1 号主变压器在 5 月进行主变压器及三侧断路器预试工作和主变压器继电保护、自动化校验工作。

操作票和工作票信息如下。

（1）1 号主变压器停电操作时间：5 月 2 日 6:00～7:50。

（2）总工作票一：1 号主变压器预试，1 号主变压器三侧断路器预试。许可开始工作时间为 5 月 2 日 8:30，工作终结时间为 5 月 3 日 15:00。

（3）分工作票一：1 号主变压器本体预试。许可开始工作时间为 5 月 2 日 10:30，工作终结时间为 5 月 2 日 12:30。

（4）分工作票二：1 号主变压器 220kV 断路器预试。许可开始工作时间为 5 月 2 日 13:45，工作终结时间为 5 月 2 日 15:00。

（5）分工作票三：1 号主变压器 110kV 断路器预试。许可开始工作时间为 5 月 2 日 14:50，工作终结时间为 5 月 2 日 16:00。

（6）总工作票二：1 号主变压器继电保护、自动化校验工作。许可开始工作时间为 5 月 2 日 10:30，工作终结时间为 5 月 4 日 15:00。

（7）1 号主变压器送电操作时间：5 月 4 日 15:30～16:30。

根据月度计划中的工作内容，1 号主变压器本体、1 号主变压器 220kV 断路器和 1 号主变压器 110kV 断路器各记计划停运一次（试验），1 号主变压器 220kV 隔离开关、1 号主变压器 110kV 隔离开关停运但设备本身无工作，各记受累备用一次。

1 号主变压器及相关设备运行数据填写对照表见表 9−8～表 9−12。

表 9−8　　　　　　　　1 号主变压器运行数据填写对照表

下属单位	变电站名称	安装位置名称	状态分类	停电设备	技术原因	责任原因	设备停运时间	许可开始工作时间
××电力公司	××××	1 号主变压器	试验	—	—	—	2020−05−02 6:00	2020−05−02 10:30

工作终结时间	恢复运行时间	电压等级	作业前备用时间	作业持续时间	作业后备用时间	停运分类	特殊原因	天气状况
2020−05−02 12:30	2020−05−04 16:30	220kV	4.5h	2h	52h	周期性试校	—	晴

任务号	任务描述	备注说明
××××××	1 号主变压器预试	1 号主变压器预试

表 9−9　　　　1 号主变压器 220kV 断路器运行数据填写对照表

下属单位	变电站名称	安装位置名称	状态分类	停电设备	技术原因	责任原因	设备停运时间	许可开始工作时间
××电力公司	××××	1 号主变压器 220kV 断路器	试验	—	—	—	2020−05−02 6:00	2020−05−02 13:45

工作终结时间	恢复运行时间	电压等级	作业前备用时间	作业持续时间	作业后备用时间	停运分类	特殊原因	天气状况
2020−05−02 15:00	2020−05−04 16:30	220kV	7.75h	1.25h	49.5h	周期性试校	—	晴

任务号	任务描述	备注说明
××××××	1 号主变压器 220kV 间隔预试	1 号主变压器 220kV 间隔预试

表9-10　　1号主变压器110kV断路器运行数据填写对照表

下属单位	变电站名称	安装位置名称	状态分类	停电设备	技术原因	责任原因	设备停运时间	许可开始工作时间
××电力公司	××××	1号主变压器110kV断路器	试验	—	—	—	2020-05-02 6:00	2020-05-02 14:50

工作终结时间	恢复运行时间	电压等级	作业前备用时间	作业持续时间	作业后备用时间	停运分类	特殊原因	天气状况
2020-05-02 16:00	2020-05-04 16:30	110kV	8.83h	1.17h	48.5h	周期性试校	—	晴

任务号	任务描述	备注说明
××××××	1号主变压器110kV断路器预试	1号主变压器110kV断路器预试

表9-11　　1号主变压器220kV隔离开关运行数据填写对照表

下属单位	变电站名称	安装位置名称	状态分类	停电设备	技术原因	责任原因	设备停运时间	许可开始工作时间
××电力公司	××××	1号主变压器220kV隔离开关	受累备用	—	—	—	2020-05-02 6:00	—

工作终结时间	恢复运行时间	电压等级	停运时间	特殊原因	天气状况
—	2020-05-04 16:30	220kV	58.5h	—	晴

任务号	任务描述	备注说明
××××××	1号主变压器及三侧间隔预试、1号主变压器保护及自动化校验	1号主变压器及三侧间隔预试、1号主变压器保护及自动化校验

表9-12　　1号主变压器110kV隔离开关运行数据填写对照表

下属单位	变电站名称	安装位置名称	状态分类	停电设备	技术原因	责任原因	设备停运时间	许可开始工作时间
××电力公司	××××	1号主变压器110kV隔离开关	受累备用	—	—	—	2020-05-02 6:00	—

工作终结时间	恢复运行时间	电压等级	停运时间	特殊原因	天气状况
—	2020-05-04 16:30	110kV	58.5h	—	晴

任务号	任务描述	备注说明
××××××	1号主变压器及三侧间隔预试	1号主变压器及三侧间隔预试

【例 9-5】T 接线路检修时的运行数据维护。

110kV LY Ⅰ 线有一段 T 接线路，长度为 15km，线路总长度（包括 T 接线路长度）为 30km，安排该线路的 T 接线段进行检修，检修工作时间为 7h（工作票工作开始时间为 2020 年 6 月 12 日 11:30，工作票终结时间为 18:30），检修前后的搭接工作时间各为 2h（T 接线段拆头工作票工作开始时间为 2020 年 6 月 12 日 9:30，T 接线段拆头工作终结时间为 2020 年 6 月 12 日 11:30；T 接线路搭头工作票开始时间为 2020 年 6 月 12 日 18:30，T 接线搭头工作票终结时间为 2020 年 6 月 12 日 20:30）。

对于 T 接（多端）线路检修时，往往检修期间不会一直全线停电，而采取分段检修的方式（如先全线停电，将线路从 T 接点解开，对需要检修的线段进行作业，将其余的线路恢复送电，待检修完成后将全部线路停运，将解开的线段重新搭接到线路中）。此类事件在可靠性统计中，前后解头、搭接工作与中间的检修工作按计划停运事件一次统计，停运时间为前后的解头、搭头工作时间加上按线路长度折算的检修工作时间之和。

统计时，T 接线段进行检修的工作时间应按照 T 接线段线路长度与线路总长度之比进行折算，检修时间为 7h×（15km/30km）＝3.5h。该线路的总工作时间应为按线路长度折算的检修工作时间与检修前后的搭接工作时间之和，即 3.5＋2＋2＝7.5h。此条运行记录的"起始时间"填写为 2020 年 6 月 12 日 9:30，"终止时间"填写为 2020 年 6 月 12 日 17:00。

9.4.2.2.3 非计划停运事件的时间统计

第一类非计划停运（故障跳闸，人员责任误碰、误操作或继电保护、自动装置非正确动作、二次回路、远动或通信设施异常引起的设施停运）的时间统计按调度记录上的"设备停运时间"至"向调度正式报备用时间（故障处理完成时间）"为准。

输电线路发生跳闸自动重合闸成功：记录的开始及结束时间均为调度运行日志记录上的"跳闸时间"。

输电线路发生跳闸自动重合闸失败（强送成功）：按调度记录上的"设备停运时间"至"强送成功时间"为准。

输电线路发生跳闸自动重合闸失败（强送失败）：按调度记录上的"设备停运时间"至"向调度正式报备用时间（故障处理完成时间）"为准。

【例 9-6】变电站线路断路器跳闸，重合不成功的运行数据维护。

2020 年 3 月 1 日 8:30，因线路遭受雷击，220kV A 变电站 110kV LT Ⅰ 线断路器跳闸，重合不成功，且现场检查发现该断路器故障（漏气），经调度批准临时停电检修，检修完毕线路故障排除后恢复送电。110kV LT Ⅰ 线的操作票和工作票信息如下。

（1）110kV LT Ⅰ 线由热备用改为冷备用操作时间：2020 年 3 月 1 日 9:00～9:30。

（2）110kV LT Ⅰ 线由冷备用改为线路检修操作时间：2020 年 3 月 1 日 9:40～9:55。

（3）断路器检修工作许可开始工作时间为 2020 年 3 月 1 日 10:05，工作结束时间为 2020 年 3 月 1 日 10:50。

（4）线路故障检修结束时间（向调度正式报备用时间）：2020 年 3 月 1 日 11:30。

（5）110kV LT Ⅰ 线由线路检修改为冷备用操作时间：2020 年 3 月 1 日 11:45～11:50。

（6）110kV LT Ⅰ 线由线路冷备用改为运行操作时间：2020 年 3 月 1 日 12:05～12:30。

220kV A 变电站 110kV LT Ⅰ 线断路器因线路遭受雷击而跳闸，重合不成功且断路器出现故障，因此断路器记第一类非计划停运一次，而 110kV LT Ⅰ 线路隔离开关本身无故障，却因断路器故障检修而停运，因此记受累备用一次。第一类非计划停运的"设备停运时间"是指故障跳闸时间，"向调度正式报备用时间"是指事故检修结束时间。

110kV LT Ⅰ 线路断路器运行数据填写对照表见表 9－13。

表 9－13　220kV A 变电站 110kV LT Ⅰ 线断路器运行数据填写对照表

下属单位	变电站名称	安装位置名称	状态分类	停电设备	技术原因	责任原因	设备停运时间	向调度报备时间
××电力公司	××××	110kV LT Ⅰ 线断路器	第一类非计划停运	断路器	漏气	工艺质量不良	2020－03－01 8:30	2020－03－02 10:50

恢复运行时间	作业持续时间	电压等级	作业后备用时间	重大事件	事件描述	天气状况	备注说明
2020－03－01 12:30	2.33h	110kV	1.67h	雷击跳闸，重合不成功，且断路器故障	雷击跳闸，重合不成功，且断路器故障	晴	雷击跳闸，重合不成功，且断路器故障

110kV LT Ⅰ 线路隔离开关运行数据填写对照表见表 9－14。备用事件的时间统计从设施停役操作票上的"操作开始时间"开始至复役操作票上的"操作结束时间"为止。

表 9－14　220kV A 变电站 110kV LT Ⅰ 线隔离开关运行数据填写对照表

下属单位	变电站名称	安装位置名称	状态分类	停电设备	技术原因	责任原因	设备停运时间	许可开始工作时间
××电力公司	××××	110kV LT Ⅰ 隔离开关	受累备用	—	—	—	2020－03－01 9:00	—

工作终结时间	恢复运行时间	电压等级	停运时间	任务描述	特殊原因	天气状况	备注说明
—	2020－03－01 12:30	110kV	3.5h	雷击跳闸，重合不成功	—	雷雨	因断路器及线路故障检修而受累停运

第二类非计划停运（危急缺陷、紧急拉停）的时间统计按调度记录上的"设备停运时间"至"向调度正式报备用时间"为准，如果有事故抢修票则以抢修票终结时间为准。

【例9-7】变电站设备异常停运的运行数据维护。

2020年5月4日，220kV A变电站220kV NH Ⅰ线路断路器出现严重漏气现象，需要立即停电检修，检修完毕后恢复送电。220kV NH Ⅰ线路的操作票和工作票信息如下。

（1）220kV NH Ⅰ线停电（断路器改为检修）操作时间：2020年5月4日9:30～10:00。

（2）220kV NH Ⅰ线检修工作许可开始时间为2020年5月4日10:20，工作终结时间为2020年5月4日11:20。

（3）220kV NH Ⅰ线送电操作时间：2020年5月4日11:30～12:00。

220kV NH Ⅰ线路断路器因漏气在24h内临时停运，故该断路器记第二类非计划停运一次。第二类非计划停运的"设备停运时间"是指停电操作开始时间，"向调度正式报备用时间"是指故障检修结束时间。

220kV NH Ⅰ线路断路器运行数据填写对照表见表9-15。

表9-15　　　220kV NH Ⅰ线路断路器运行数据填写对照表

下属单位	变电站名称	安装位置名称	状态分类	停电设备	技术原因	责任原因	设备停运时间	向调度报备用时间
××电力公司	××××	220kV NH Ⅰ线路断路器	第二类非计划停运	断路器	漏气	工艺质量不良	2020-05-04 9:30	2020-05-04 11:20

恢复运行时间	电压等级	作业持续时间	作业后备用时间	重大事件	事件描述	备注说明
2020-05-04 12:00	220kV	1.83h	0.67h	220kV NH Ⅰ线路断路器漏气	220kV NH Ⅰ线路断路器漏气	220kV NH Ⅰ线路断路器漏气

第三类非计划停运（消缺性检修）的时间统计按工作票上的"许可开始工作时间"开始至工作票上的"工作终结时间"为准。

【例9-8】线路临时停电的运行数据维护。

220kV A 变电站 220kV NH Ⅰ 线路，2020 年 6 月 1 日 10:00，发现 7 号塔 A 相绝缘子自爆严重需停电更换，线路停电操作开始时间为 2020 年 6 月 3 日 9:00，线路送电操作结束时间为 2020 年 6 月 3 日 16:00。线路工作票中内容如下。

（1）工作内容：220kV NH Ⅰ 线路 7 号塔 A 相自爆绝缘子更换。

（2）计划工作时间：2020 年 6 月 3 日 8:30~17:30。

（3）许可开始工作时间：2020 年 6 月 3 日 10:00。

（4）工作终结时间：2020 年 6 月 3 日 15:00。

因线路停运时间距离发现缺陷时间在 24h 之内，记第三类非计划停运一次。

线路运行数据填写对照表见表 9-16。

表 9-16　　　　　220kV NH Ⅰ 线路运行数据填写对照表

下属单位	线路名称	状态分类	停电设备	技术原因	责任原因	设备停运时间	许可开始工作时间
××电力公司	220kV NH Ⅰ 线	第三类非计划停运	架空线路	击穿	产品质量不良	2020-06-03 9:00	2020-06-03 10:00

工作终结时间	恢复运行时间	作业前备用时间	作业持续时间	作业后备用时间	电压等级	特殊原因	天气状况
2020-06-03 15:00	2020-06-03 16:00	1h	5h	1h	220kV	—	雷雨

大事件名	大事件描述	备注说明
绝缘子自爆更换	绝缘子自爆严重	7 号塔 A 相

第四类非计划停运（若不能如期恢复其可用状态，则超出预定计划时间的停运部分）按调度批准的设施停运结束时间至工作票上的"工作终结时间"为止；处于备用状态的设施，经调度批准进行年度、季（月）度计划外的检修工作记为第四类非计划停运，时间统计按工作票上的"许可开始工作时间"

至工作票上的"工作终结时间"为准。

【例9-9】计划工作延期的运行数据维护。

2020年7月4日，按照月度计划，进行220kV A变电站220kV NH Ⅰ线路断路器的预试工作。调度批准的预试时间为2020年7月4日8:00～17:00。操作票和工作票等信息如下。

（1）220kV A变电站220kV NH Ⅰ线路停电操作时间：2020年7月4日12:20～12:50。

（2）220kV A变电站220kV NH Ⅰ线路断路器预试工作许可开始时间为2020年7月4日13:00，工作终结时间为2020年7月4日18:00。

（3）送电操作时间：2020年5月4日18:20～18:50。

该工作的时间超出了调度批准的检修期，所以在检修期内的工作记为计划停运事件（试验），而超出部分记为第四类非计划停运事件。计划停运的起始时间按工作票上的"许可开始工作时间"统计，终止时间按工作票上的"工作终结时间"统计。

220kV A变电站220kV NH Ⅰ线路断路器运行数据填写对照表见表9-17、表9-18。

表9-17　　220kV NH Ⅰ线路断路器运行数据填写对照表1

下属单位	变电站名称	安装位置名称	状态分类	停电设备	技术原因	责任原因	设备停运时间	许可开始工作时间
××电力公司	××××	220kV NH Ⅰ线路断路器	试验	断路器	—	—	2020-07-04 12:20	2020-07-04 13:00

工作终结时间	恢复运行时间	电压等级	作业前备用时间	作业持续时间	作业后备用时间	停运分类	特殊原因	天气状况
2020-07-04 17:00	2020-07-04 17:00	220kV	0.67h	4h	0h	周期性试校	—	晴

任务号	任务描述	备注说明
××××××	220kV NH Ⅰ线路断路器预试	220kV NH Ⅰ线路断路器预试

表 9-18　　　　220kV NHⅠ线路断路器运行数据填写对照表 2

下属单位	变电站名称	安装位置名称	状态分类	停电设备	技术原因	责任原因	设备停运时间	许可开始工作时间
××电力公司	××××	220kV NHⅠ线路断路器	第四类非计划停运	断路器	—	管理不当	2020-07-04 17:00	2020-07-04 17:00

工作终结时间	恢复运行时间	电压等级	作业前备用时间	作业持续时间	作业后备用时间	特殊原因	天气状况
2020-07-04 18:00	2020-07-04 18:50	220kV	0h	1h	0h	—	晴

重大事件	任务描述	备注说明
220kV NHⅠ线路断路器预试超检修期	220kV NHⅠ线路断路器预试超检修期	220kV NHⅠ线路断路器预试超检修期

【例 9-10】备用线路经批准进行计划外工作的运行数据维护。

220kV A 变电站 110kV LYⅠ线,计划于 2020 年 2 月 1～5 日,对 110kV LYⅠ线一侧的 110kV B 变电站进行自动化改造,线路停电操作开始时间为 2020 年 2 月 1 日 9:00,220kV A 变电站 110kV LYⅠ线路处于备用状态。2020 年 2 月 2～3 日,经调度批准 110kV LYⅠ线路的 1～43 号塔进行计划外的检修工作,线路送电操作结束时间为 2020 年 2 月 5 日 15:00。线路工作票内容如下。

（1）工作内容：110kV LYⅠ线路 1～43 号塔进行检修。

（2）计划工作时间：2020 年 2 月 2 日 8:30～2 月 3 日 18:00。

（3）许可开始工作时间：2020 年 2 月 2 日 10:00。

（4）工作终结时间：2020 年 2 月 3 日 13:00。

110kV LYⅠ线路处于备用状态下,经调度批准进行了年度、季度、月度计划外的检修工作,线路应记为第四类非计划停运,其时间点为计划外检修工作许可开始时间至工作终结时间。110kV LYⅠ线路运行数据填写对照表见

表 9－19。

表 9－19　　　　110kV LY Ⅰ 线路运行数据填写对照表

下属单位	线路名称	状态分类	停电设备	技术原因	责任原因	设备停运时间	许可开始工作时间
××电力公司	110kV LY Ⅰ 线路	第四类非计划停运	架空线路	过负荷过热	电力系统影响	2020－02－01 9:00	2020－02－02 10:00

工作终结时间	恢复运行时间	电压等级	作业前备用时间	作业持续时间	作业后备用时间	特殊原因	天气状况
2020－02－03 13:00	2020－02－05 15:00	110kV	25h	27h	50h	—	晴

重大事件	任务描述	备注说明
110kV LY Ⅰ 线路计划外检修	110kV LY Ⅰ 线路计划外检修	调度许可计划外检修

9.4.2.3　设施停运事件技术原因、责任原因判断和编码

设施停运事件的技术原因按照停电设备的类别、部位分别选择。设施停运事件的责任原因用来描述输变电设施停运的责任和原因，目前，输变电设施可靠性系统的责任原因按具体情况，统一划分为规划因素、物资因素、建设因素、检修因素、运行因素、外部因素、自然因素、原因待查八大类。如果同时进行多项检修工作的，按照停电检修时间最长的工作选择停运责任原因。

9.4.2.4　设施停运事件备注的填写

所有运行数据都需要在备注中用文字说明停运的相关信息。填写外部停运和自然灾害、气候因素等责任原因和停运信息选项中有"其他"时，必须在备注中注明详细信息。

所有非计划停运事件均应在备注中填写事件详细原因，其中应包括基础数据中不包含的制造厂家、施工安装单位、设计单位等基础信息。

9.4.3　可靠性运行数据的审核及上报

可靠性管理人员在当月规定的时间内及时对运行数据逐项逐条进行审

核，对上报数据进行审核。重点审核停运事件的定性、起止时间和事件编码，并按照电力行业可靠性管理归口部门规定的报送时间和审核程序逐级上报。

电力企业应按照有关规定，在国家能源局电力可靠性管理信息系统中如实进行基础数据注册及维护，以及及时进行运行数据的更新维护。

9.4.4 常见问题及主要注意事项

9.4.4.1 设施状态判断

（1）可用状态是指设施处于能够完成规定功能的状态，分为运行状态和备用状态。当设施可用状态不易判断时，应以设施能否完成预定功能为标准。如线路出现故障，线路保护动作而断路器出现拒分，此时断路器在合闸位置，但它已不能实现预定的切断短路电流的功能，因此其状态为不可用状态。

（2）输变电设施发挥规定功能的状态。对于开关设备而言，无论其自身是否分合，设备与外界的连接和是否带电状况均不会发生改变，因此开关设备的分合状态与运行状态没有必然的对应关系。如断路器处于热备用状态（自身断开，两侧动静触头均带电），视为运行状态。如母线侧隔离开关，母线间隔检修时隔离开关拉开，但与母线相连的隔离开关因为母线正常运行静触头仍然带电，隔离开关处于运行状态。但是如果该母线检修，母线上的接地开关虽然闭合，但已经失电，应为停运状态。如输电线路一侧带电，另外一侧断路器断开（充电空载），线路和断路器均与电网相连且带电，应为运行状态。

（3）因为二次设备、远动设备检修造成的相关电力设施停运的，按受累备用统计。

（4）由于其他电力设施故障引起的输变电设施停运，若设施未进行试验和检查，则应记为受累备用状态；但是若设施发生损坏，应记为第一类非计划停运；若设施未发生损坏，但进行了年、季、月计划内的试验检查，记为计划停运；设施未发生损坏，经调度批准进行的年、季、月度计划外的检修工作，记为第三类非计划停运。

（5）架空线路（包括充电空载线路）发生跳闸，无论自动重合闸是否成功，均应填报事件。其中，自动重合闸成功的事件，应记第一类非计划停运一次，持续时间为 0，在非计划停运指标（率）计算时不含此类事件的次数。如果线路跳闸后一侧重合成功，但是另外一侧未重合，线路瞬间失电后又恢复到带电运行状态，也应记第一类非计划停运一次，持续时间为 0，未重合侧的断路器计受累备用一次。如果自动重合闸失败（或自动重合闸退出），无论手动强送是否成功，均按照第一类非计划停运统计，线路非计划停运次数一次，线路断路器受累停运一次，时间为跳闸开始到送电成功。

（6）非计划停运中是否为强迫停运以 24h 为限，不能延迟至 24h 以后停运的为强迫停运。

9.4.4.2　设施停运时间判断与统计

（1）对于一张工作票中既有小修又有试验等工作内容的"一停多用"的情况，按改造施工［技术改造、电网建设、基础设施建设（包括市政、用户）］、大修、小修、试验、清扫的顺序填报一项。当同一设备停电同时有几张工作票时，"停电开始时间"以各工作票中许可开始工作时间最早的为准，"停电结束时间"以各工作票中工作终结时间最晚的为准。

【例 9－11】线路改造施工、大修、小修的运行数据维护。

220kV A 变电站 220kV ZB Ⅰ 线，计划于 2020 年 5 月 8～13 日，配合 15 号拉线塔自立塔，线路停电，14、16 号塔引流线拆除，改造后塔接回，并计划停电期间对 1～55 号塔进行 C 级检修，线路停电操作开始时间为 2020 年 5 月 8 日 9:10，线路送电操作结束时间为 2020 年 5 月 13 日 14:10。线路工作票 1 内容如下。

1）工作内容：配合 220kV ZBⅠ线 15 号拉线塔改自立塔，14、16 号塔引流线拆除。

2）计划工作时间：2020 年 5 月 8 日 8:10～18:10。

3）许可开始工作时间：2020 年 5 月 8 日 10:10。

4）工作终结时间：2020 年 5 月 8 日 12:10。

线路工作票 2 内容如下。

1）工作内容：220kV ZBⅠ线 1～55 号塔 C 级检修。

2）计划工作时间：2020 年 5 月 8 日 8:10～5 月 13 日 18:10。

3）许可开始工作时间：2020 年 5 月 8 日 11:10。

4）工作终结时间：2020 年 5 月 13 日 13:10。

线路工作票 3 内容如下。

1）工作内容：配合 220kV ZBⅠ线 15 号拉线塔改自立塔，14、16 号塔引流线搭接。

2）计划工作时间：2020 年 5 月 13 日 8:10～18:10。

3）许可开始工作时间：2020 年 5 月 13 日 9:10。

4）工作终结时间：2020 年 5 月 13 日 11:10。

根据可靠性管理相关规定：当同一线路停电同时有几张工作票时，则"许可开始工作时间"和"工作终结时间"以各工作票中许可开始工作时间中最早的时间和工作终结时间中最晚的为准。此工作中最早的"许可开始工作时间"为 2020 年 5 月 8 日 10:10，最晚的"工作终结时间"为 2020 年 5 月 13 日 13:10。

对于同一条线路停电有多种工作内容的"一停多用"的情况，按照改造施工、大修、小修、试验、清扫的顺序填报一项。此工作中有铁塔改造和 C 级检修两个工作，所以状态分类为"改造施工"。

线路运行数据填写对照表见表 9－20。

表 9-20　　　　　　　220kV ZBⅠ线路运行数据填写对照表

下属单位	线路名称	状态分类	停电设备	技术原因	责任原因	设备停运时间	许可开始工作时间
××电力公司	220kV ZBⅠ线	改造施工	架空线路	型号不匹配	规划设计不周	2020-05-08 9:10	2020-05-08 10:10

工作终结时间	恢复运行时间	电压等级	作业前备用时间	作业持续时间	作业后备用时间	停运分类	天气状况
2020-05-13 13:10	2020-05-13 14:10	220kV	1h	123h	1h	技术改造	晴

任务号	任务描述	备注说明
××××××	15号拉线塔改造、C级检修	15号拉线塔改造、C级检修

（2）同一间隔内的设备综合检修时，应将所有开展检修的设备均按照各自作业性质填报事件，同时停运但无检修工作的设备，按"受累备用"统计。若各设备检修时间不一致，以工作票（分工作票）上分别标注的各设备"许可开始工作时间"和"工作终结时间"为准。若不同设备采用同一张工作票且工作票中没有明确各设备的开始工作时间和终结时间，应按照总工作票的"许可开始工作时间"开始至"工作终结时间"为止进行统计，不得依据附页、折算等方式记录设备检修工作开始时间和终结时间。

（3）发生设施变动（如设施报废、改造等）时，停运时间为"原设施停运时间"至"新设施安装到位并具备投运条件时间"。

（4）对于没有故障而同时停运的输变电设施，按"受累备用"统计，统计时间为调度记录的"设备停运时间"至"向调度正式报备用时间"为准。"向调度正式报备用时间"是指抢修工作结束，强迫停运设施已具备运行条件，向调度汇报时间。设备因其他单位原因停运但本单位无工作时，按"受累备用"统计，停电时间以调度记录的"设备停运时间"至"设备恢复运行时间"为准。

（5）对于输变电设施不能延至 24h 以后的强迫停运事件，停运时间按照调度记录上的"设备停运时间"至"设备恢复运行时间（向调度正式报备用时间）"为准。

附 录 A

（资料性）

输变电设施运行可靠性评价对象

输变电设施运行可靠性评价对象见表 A.1。

表 A.1　　　　　　　　输变电设施运行可靠性评价对象

交直流类型	输变电设施类型	单位	备注
交流输变电设施	变压器	台	三相变压器为 1 台；单相变压器一相为 1 台（包括备用相）
	电抗器	台	三相电抗器为 1 台；单相电抗器一相为 1 台
	断路器	台	三相为 1 台
	电流互感器	台	—
	电压互感器	台	—
	组合互感器	台	—
	隔离开关	台	三相为 1 台
	避雷器	台	—
	架空线路	km、条	架空线路统计长度按每回线路的杆线长度计算
	电缆线路	km、条	—
	母线	段	三相为 1 段
	组合电器	元件、间隔、套	"元件"是指具有单一功能的电气单元，一般包含断路器，隔离开关及接地开关、电流互感器、电压互感器、避雷器、主母线或分支母线等；"间隔"是指一个具有完整功能的电气单元，一般包括出线间隔、变压器间隔、母联（分段）开关间隔、一个半断路器接线中开关间隔、不完整间隔、桥开关间隔、母线间隔等；"套"是指一个变电（升

交直流类型	输变电设施类型	单位	备注
交流输变电设施	组合电器	元件、间隔、套	压）站内通过壳体及盆式绝缘子封闭连接或者通过架空连接线（电缆）相连接的一个或多个间隔
直流输变电设施	换流变压器	台	单相换流变压器一相为1台（包括备用相）
	换流阀	台	按阀塔统计
	阀冷系统	台	—
	直流转换开关	台	—
	直流高速开关	台	—
	直流断路器	台	—
	直流隔离开关	台	—
	直流电流互感器	台	—
	直流避雷器	台	—
	直流分压器	台	—
	交流滤波器	组	—
	直流滤波器	组	—
	平波电抗器	台	—
	直流穿墙套管	支	—
	直流母线	段	—
	接地极	座	—
	接地极线路	km、条	输电线路统计长度按每回线路的杆线长度计算
	直流输电线路	km、条	输电线路统计长度按每回线路的杆线长度计算

【附录释义】架空线路的统计单位由 DL/T 837—2020《输变电设施可靠性评价规程》中的"100km（架空线路统计长度按每回线路的杆线长度计算）或条"，修改为"km（架空线路统计长度按每回线路的杆线长度计算）或条"。

母线的单位强调为三相为 1 段。

　　换流阀的统计单位由 T/CEC 479—2021《直流输变电设施可靠性评价规程》中的"个"修改为"台"，阀冷系统的单位由"套"修改为"台"。接地极线路和直流输电线路的单位由"条或 100km（km）（输电线路统计长度按每回线路的杆线长度计算）"修改为"km 或条（输电线路统计长度按每回线路的杆线长度计算）"。

附 录 B
（资料性）
常用指标的计算示例

B.1 使用说明

本附录提供的信息可用于理解输变电设施运行可靠性评价常用指标的计算方法。

本附录列出了变压器的运行可靠性评价常用指标计算案例，其他输变电设施、其他指标的计算类同。

B.2 实际计算示例1

某年某公司2月1日00:00新投运10台变压器，该年内上述10台变压器仅发生3次停运事件：2月20日09:00～11:00变压器A发生一次第一类非计划停运，2月25日09:00～11:00变压器B、C各发生一次计划停运。

a）上述10台变压器在该年2月（2月取28d，672h）的等效设施数和主要平均次数类指标计算如下：

等效设施数：$N = \dfrac{\sum \text{设施评价期间使用小时} PAT}{\text{评价期间小时} PT} = \dfrac{672 \times 10}{672} = 10$（台）

不可用率：$EF_6 = \dfrac{\sum \text{不可用总次数} F_6}{\sum \text{等效设施数} N} = \dfrac{3}{10} = 0.3$（次/台）

计划停运率：$EF_7 = \dfrac{\sum \text{计划停运总次数} F_7}{\sum \text{等效设施数} N} = \dfrac{F_7}{N} = \dfrac{2}{10} = 0.2$（次/台）

非计划停运率：$EF_{13} = \dfrac{\sum \text{非计划停运总次数} F_{13}}{\sum \text{等效设施数} N} = \dfrac{F_{13}}{N} = \dfrac{1}{10} = 0.1$（次／台）

强迫停运率：$EF_{18} = \dfrac{\sum \text{强迫停运总次数} F_{18}}{\sum \text{等效设施数} N} = \dfrac{F_{18}}{N} = \dfrac{1}{10} = 0.1$（次／台）

b）上述 10 台变压器在该年 3 月（3 月取 31d，744h）的等效设施数和主要平均次数类指标计算如下：

等效设施数：$N = \dfrac{\sum \text{设施评价期间使用小时} PAT}{\text{评价期间小时} PT} = \dfrac{744 \times 10}{744} = 10$（台）

不可用率：$EF_6 = \dfrac{\sum \text{不可用总次数} F_6}{\sum \text{等效设施数} N} = \dfrac{0}{10} = 0$（次／台）

计划停运率：$EF_7 = \dfrac{\sum \text{计划停运总次数} F_7}{\sum \text{等效设施数} N} = \dfrac{F_7}{N} = \dfrac{0}{10} = 0$（次／台）

非计划停运率：$EF_{13} = \dfrac{\sum \text{非计划停运总次数} F_{13}}{\sum \text{等效设施数} N} = \dfrac{F_{13}}{N} = \dfrac{0}{10} = 0$（次／台）

强迫停运率：$EF_{18} = \dfrac{\sum \text{强迫停运总次数} F_{18}}{\sum \text{等效设施数} N} = \dfrac{F_{18}}{N} = \dfrac{0}{10} = 0$（次／台）

c）上述 10 台变压器在该年一季度（一季度取 90d，2160h）的等效设施数和主要平均次数类指标计算如下：

等效设施数：$N = \dfrac{\sum \text{设施评价期间使用小时} PAT}{\text{评价期间小时} PT} = \dfrac{(672 + 744) \times 10}{2160} = 6.56$（台）

不可用率：$EF_6 = \dfrac{\sum \text{不可用总次数} F_6}{\sum \text{等效设施数} N} = \dfrac{3}{6.56} = 0.457$（次／台）

计划停运率：$EF_7 = \dfrac{\sum \text{计划停运总次数} F_7}{\sum \text{等效设施数} N} = \dfrac{F_7}{N} = \dfrac{2}{6.56} = 0.305$（次／台）

非计划停运率：$EF_{13} = \dfrac{\sum 非计划停运总次数F_{13}}{\sum 等效设施数N} = \dfrac{F_{13}}{N} = \dfrac{1}{6.56} = 0.152$（次/台）

强迫停运率：$EF_{18} = \dfrac{\sum 强迫停运总次数F_{18}}{\sum 等效设施数N} = \dfrac{F_{18}}{N} = \dfrac{1}{6.56} = 0.152$（次/台）

d）上述 10 台变压器在该年全年（365d，8760h）的等效设施数和主要平均次数类指标计算如下：

等效设施数：$N = \dfrac{\sum 设施评价期间使用小时PAT}{评价期间小时PT} = \dfrac{(8760 - 744) \times 10}{8760}$
$= 9.15$（台）

不可用率：$EF_6 = \dfrac{\sum 不可用总次数F_6}{\sum 等效设施数N} = \dfrac{3}{9.15} = 0.328$（次/台）

计划停运率：$EF_7 = \dfrac{\sum 计划停运总次数F_7}{\sum 等效设施数N} = \dfrac{F_7}{N} = \dfrac{2}{9.15} = 0.219$（次/台）

非计划停运率：$EF_{13} = \dfrac{\sum 非计划停运总次数F_{13}}{\sum 等效设施数N} = \dfrac{F_{13}}{N} = \dfrac{1}{9.15} = 0.109$（次/台）

强迫停运率：$EF_{18} = \dfrac{\sum 强迫停运总次数F_{18}}{\sum 等效设施数N} = \dfrac{F_{18}}{N} = \dfrac{1}{9.15} = 0.109$（次/台）

B.3 实际计算示例 2

某年某公司有 1 台 220kV 变压器在运，全年停运事件情况见表 B.1；7 月 1 日新投产 1 台 500kV 变压器，全年停运事件情况见表 B.2。两台变压器全年停运事件综合情况见表 B.3。220kV 变压器的评价期间时间为 8760h，500kV 变压器的评价期间时间为 4380h，现分别计算该公司 220kV、500kV 变压器单台常用运行可靠性指标以及两台变压器的综合常用运行可靠性指标（常用可靠性指标包括可用系数、运行系数、计划停运系数、非计划停运系数、强迫停运系数、暴露系数、不可用率、计划停运率、非计划停运率、强迫停运率）。

表 B.1　　　　　　　　　220kV 变压器全年停运事件情况

输变电设施	事件经过	状态	总次数（次）	总累积时间（h）	可用/不可用
220kV 变压器	1 月 2 日 00:00～05:00 2 月 2 日 00:00～05:00 3 月 2 日 00:00～05:00	计划停运（状态序号 7）	3	15	不可用（状态序号 6）
	4 月 1 日 00:00～05:00	第二类非计划停运（状态序号 15）	1	5	不可用（状态序号 6）
	5 月 1 日 00:00～06:00 5 月 2 日 00:00～06:00 5 月 3 日 00:00～06:00 5 月 4 日 00:00～06:00 5 月 5 日 00:00～06:00	调度备用（状态序号 4）	5	30	可用（状态序号 1）

220kV 变压器单台常用运行可靠性指标计算如下：

等效设施数：$N = \dfrac{\text{评价期间使用小时} PAT}{\text{评价期间小时} PT} = \dfrac{8760}{8760} = 1$（台）

可用系数：$R_1 = \dfrac{\text{可用小时} T_1}{\text{评价期间使用时间} PAT} \times 100\% = \dfrac{8760-15-5}{8760} \times 100\%$
$= 99.772\%$

运行系数：$R_2 = \dfrac{\text{运行小时} T_2}{\text{评价期间使用时间} PAT} \times 100\% = \dfrac{8760-15-5-30}{8760} \times 100\%$
$= 99.429\%$

计划停运系数：$R_7 = \dfrac{\text{计划停运小时} T_7}{\text{评价期间使用时间} PAT} \times 100\% = \dfrac{15}{8760} \times 100\% = 0.171\%$

非计划停运系数：$R_{13} = \dfrac{\text{非计划停运小时} T_{13}}{\text{评价期间使用时间} PAT} \times 100\% = \dfrac{5}{8760} \times 100\%$
$= 0.057\%$

强迫停运系数：$R_{18} = \dfrac{\text{强迫停运小时} T_{18}}{\text{评价期间使用时间} PAT} \times 100\% = \dfrac{5}{8760} \times 100\%$
$= 0.057\%$

暴露系数：$EXF = \dfrac{\text{运行小时} T_2}{\text{可用小时} T_1} \times 100\% = \dfrac{8760-15-5-30}{8760-15-5} \times 100\% = 99.657\%$

不可用率：$EF_6 = \dfrac{\text{不可用总次数} F_6}{\text{等效设施数} N} = \dfrac{F_6}{\sum\limits_j N_j} = \dfrac{4}{1} = 4$（次／台）

计划停运率：$EF_7 = \dfrac{\text{计划停运总次数} F_7}{\text{等效设施数} N} = \dfrac{F_7}{\sum\limits_j N_j} = \dfrac{3}{1} = 3$（次／台）

非计划停运率：$EF_{13} = \dfrac{\text{非计划停运总次数} F_{13}}{\text{等效设施数} N} = \dfrac{F_{13}}{\sum\limits_j N_j} = \dfrac{1}{1} = 1$（次／台）

强迫停运率：$EF_{18} = \dfrac{\text{强迫停运总次数} F_{18}}{\text{等效设施数} N} = \dfrac{F_{18}}{\sum\limits_j N_j} = \dfrac{1}{1} = 1$（次／台）

表 B.2   500kV 变压器全年停运事件情况

输变电设施	事件经过	状态	总次数（次）	总累积时间（h）	可用/不可用
500kV 变压器	9 月 1 日 00:00～06:00 9 月 2 日 00:00～06:00	计划停运 （状态序号 7）	2	12	不可用 （状态序号 6）
	10 月 1 日 00:00～08:00	第二类非计划停运 （状态序号 15）	1	8	不可用 （状态序号 6）
	11 月 1 日 00:00～10:00 11 月 2 日 00:00～10:00 11 月 3 日 00:00～10:00 11 月 4 日 00:00～10:00	调度备用 （状态序号 4）	4	40	可用 （状态序号 1）

500kV 变压器单台常用运行可靠性指标计算如下：

等效设施数：$N = \dfrac{\text{评价期间使用小时} PAT}{\text{评价期间小时} PT} = \dfrac{4380}{8760} = 0.5$（台）

可用系数：$R_1 = \dfrac{\text{可用小时} T_1}{\text{评价期间使用时间} PAT} \times 100\% = \dfrac{4380-12-8}{4380} \times 100\% = 99.543\%$

运行系数：

$R_2 = \dfrac{\text{运行小时} T_2}{\text{评价期间使用时间} PAT} \times 100\% = \dfrac{4380-12-8-40}{4380} \times 100\% = 98.630\%$

计划停运系数：$R_7 = \dfrac{\text{计划停运小时} T_7}{\text{评价期间使用时间} PAT} \times 100\% = \dfrac{12}{4380} \times 100\% = 0.274\%$

非计划停运系数：

$$R_{13} = \frac{\text{非计划停运小时} T_{13}}{\text{评价期间使用时间} PAT} \times 100\% = \frac{8}{4380} \times 100\% = 0.183\%$$

强迫停运系数：$R_{18} = \dfrac{\text{强迫停运小时} T_{18}}{\text{评价期间使用时间} PAT} \times 100\% = \dfrac{8}{4380} \times 100\% = 0.183\%$

暴露系数：$EXF = \dfrac{\text{运行小时} T_2}{\text{可用小时} T_1} \times 100\% = \dfrac{4380-12-8-40}{4380-12-8} \times 100\% = 99.083\%$

不可用率：$EF_6 = \dfrac{\text{不可用总次数} F_6}{\text{等效设施数} N} = \dfrac{F_6}{\sum\limits_j N_j} = \dfrac{2+1}{0.5} = 6\;(\text{次/台})$

计划停运率：$EF_7 = \dfrac{\text{计划停运总次数} F_7}{\text{等效设施数} N} = \dfrac{F_7}{\sum\limits_j N_j} = \dfrac{2}{0.5} = 4\;(\text{次/台})$

非计划停运率：$EF_{13} = \dfrac{\text{非计划停运总次数} F_{13}}{\text{等效设施数} N} = \dfrac{F_{13}}{\sum\limits_j N_j} = \dfrac{1}{0.5} = 2\;(\text{次/台})$

强迫停运率：$EF_{18} = \dfrac{\text{强迫停运总次数} F_{18}}{\text{等效设施数} N} = \dfrac{F_{18}}{\sum\limits_j N_j} = \dfrac{1}{0.5} = 2\;(\text{次/台})$

表 B.3   两台变压器全年停运事件综合情况

输变电设施	状态	总次数（次）	总累积时间（h）	可用/不可用
220、500kV 变压器	计划停运（状态序号 7）	3+2=5	15+12=27	不可用（状态序号 6）
	第二类非计划停运（状态序号 15）	1+1=2	5+8=13	不可用（状态序号 6）
	调度备用（状态序号 4）	5+4=9	30+40=70	可用（状态序号 1）

两台变压器综合常用运行可靠性指标计算如下：

等效设施数：$N = \dfrac{\sum \text{设施评价期间使用小时} PAT}{\text{评价期间小时} PT} = \dfrac{8760+4380}{8760} = 1.5\;(\text{台})$

可用系数：

$$R_1 = \frac{\sum \text{可用小时} T_1}{\sum \text{评价期间使用时间} PAT} \times 100\% = \frac{(8760+4380)-27-13}{8760+4380} \times 100\%$$

$$= 99.696\%$$

运行系数：

$$R_2 = \frac{\sum 运行小时 T_2}{\sum 评价期间使用时间 PAT} \times 100\% = \frac{(8760+4380)-27-13-70}{8760+4380} \times 100\%$$
$$= 99.163\%$$

计划停运系数：

$$R_7 = \frac{\sum 计划停运小时 T_7}{\sum 评价期间使用时间 PAT} \times 100\% = \frac{27}{8760+4380} \times 100\% = 0.205\%$$

非计划停运系数：

$$R_{13} = \frac{\sum 非计划停运小时 T_{13}}{\sum 评价期间使用时间 PAT} \times 100\% = \frac{13}{8760+4380} \times 100\% = 0.099\%$$

强迫停运系数：

$$R_{18} = \frac{\sum 强迫停运小时 T_{18}}{\sum 评价期间使用时间 PAT} \times 100\% = \frac{13}{8760+4380} \times 100\% = 0.099\%$$

暴露系数：

$$EXF = \frac{\sum 运行小时 T_2}{\sum 可用小时 T_1} \times 100\% = \frac{(8760+4380)-27-13-70}{(8760+4380)-27-13} \times 100\%$$
$$= 99.466\%$$

不可用率： $EF_6 = \dfrac{\sum 不可用总次数 F_6}{\sum 等效设施数 N} = \dfrac{F_6}{\sum_j N_j} = \dfrac{5+2}{1.5} = 4.667（次/台）$

计划停运率： $EF_7 = \dfrac{\sum 计划停运总次数 F_7}{\sum 等效设施数 N} = \dfrac{F_7}{\sum_j N_j} = \dfrac{5}{1.5} = 3.333（次/台）$

非计划停运率： $EF_{13} = \dfrac{\sum 非计划停运总次数 F_{13}}{\sum 等效设施数 N} = \dfrac{F_{13}}{\sum_j N_j} = \dfrac{2}{1.5} = 1.333（次/台）$

强迫停运率： $EF_{18} = \dfrac{\sum 强迫停运总次数 F_{18}}{\sum 等效设施数 N} = \dfrac{F_{18}}{\sum_j N_j} = \dfrac{2}{1.5} = 1.333（次/台）$

附 录 C
（继导则附录 B 中变压器的计算案例，
补充线路的计算案例）
线路常用指标的计算示例

C.1 使用说明

本附录列出了架空线路的运行可靠性评价常用指标计算案例。

C.2 线路计算

输电线路的可靠性指标与变压器等设施的可靠性指标类似，但是在计算方法和统计单位上略有不同，分为按条计算和按 km 计算两种方式。

C.2.1 单条线路

（1）计算单条线路的比例类指标，如可用系数 R_1、运行系数 R_2、计划停运系数 R_7、非计划停运系数 R_{13}、强迫停运系数 R_{18} 等系数时，同变压器等设施的计算公式。

（2）计算次数类指标时，则可以按条计算，也可以按 km 计算。如计划停运率 EF_7 按 km 计算：

$$EF_7 = \frac{计划停运次数F_7}{等效设施数N \ （按km计算）} \quad （次/ km）$$

如果按条计算：

$$EF_7 = \frac{计划停运次数F_7}{等效设施数N \ （按条计算）} \quad （次/ 条）$$

C.2.2 同一电压等级多条线路

（1）计算比例类指标，可由单条线路的第 k 类使用状态累积时间比值按各自的等效设施数 N 加权平均计算。如可用系数 R_1 按 km 计算：

$$R_1 = \frac{\sum \text{某线路可用状态的总累积时间} T_1}{\sum \text{某线路评价期间使用时间} PAT}$$

$$= \frac{\sum [\text{某条线路可用系数} R_1 \times \text{该条线路等效设施数} N（按km计算）]}{\sum \text{等效设施数} N（按km计算）} \times 100\%$$

可用系数 R_1 如果按条计算：

$$R_1 = \frac{\sum \text{某线路可用状态的总累积时间} T_1}{\sum \text{某线路评价期间使用时间} PAT}$$

$$= \frac{\sum [\text{某条线路可用系数} R_1 \times \text{该条线路等效设施数} N（按条计算）]}{\sum \text{等效设施数} N（按条计算）} \times 100\%$$

（2）计算次数类指标，可由单条线路的第 k 类使用状态的平均次数 F_k 按各自的等效设施数 N 加权平均计算。如计划停运率 EF_7 按 km 计算：

$$EF_7 = \frac{\sum \text{某条线路计划停运次数} F_7}{\sum \text{某条线路的等效设施数} N（按km计算）}$$

$$= \frac{\sum [\text{某条线路计划停运率} EF_7 \times \text{该条线路等效设施数} N（按km计算）]}{\sum \text{某条线路的等效设施数} N（按km计算）} \quad （次/km）$$

计划停运率 EF_7 如果按条计算：

$$EF_7 = \frac{\sum \text{某条线路计划停运次数} F_7}{\sum \text{某条线路的等效设施数} N（按条计算）}$$

$$= \frac{\sum [\text{某条线路计划停运率} EF_7 \times \text{该条线路等效设施数} N（按条计算）]}{\sum \text{某条线路的等效设施数} N（按条计算）} \quad （次/条）$$

C.2.3 不同电压等级多条线路

（1）计算比例类指标，可由不同电压的单条线路的第 k 类使用状态累积时间比值按各自的等效设施数加权平均计算。如可用系数 R_1 按 km 计算：

$$R_1 = \frac{\sum \text{某线路可用状态的总累积时间} T_1}{\sum \text{某线路评价期间使用时间} PAT}$$

$$= \frac{\sum \begin{array}{c} [\text{某电压等级线路可用系数} R_1 \times \text{该电压等级} \\ \text{线路等效设施数} N（按km计算）] \end{array}}{\sum \text{某电压等级线路的等效设施数} N（按km计算）} \times 100\%$$

可用系数 R_1 如果按条计算：

$$R_1 = \frac{\sum 某线路可用状态的总累积时间T_1}{\sum 某线路评价期间使用时间PAT}$$

$$= \frac{\sum \begin{subarray}{c}[某电压等级线路可用系数R_1 \times 该电压\\ 等级线路等效设施数N（按条计算）]\end{subarray}}{\sum 某电压等级线路的等效设施数N（按条计算）} \times 100\%$$

（2）计算次数类指标，可由不同电压等级的单条线路的第 k 类使用状态的平均次数 F_k 按各自的等效设施数 N 加权平均计算。如计划停运率 EF_7 按 km 计算：

$$EF_7 = \frac{\sum 某条线路计划停运次数F_7}{\sum 某条线路的等效设施数N（按km计算）}$$

$$= \frac{\sum \begin{subarray}{c}[某电压等级线路计划停运率EF_7 \times 该电压\\ 等级线路等效设施数N（按km计算）]\end{subarray}}{\sum 某电压等级线路的等效设施数N（按km计算）} \quad （次/km）$$

计划停运率 EF_7 如果按条计算：

$$EF_7 = \frac{\sum 某条线路计划停运次数F_7}{\sum 某条线路的等效设施数N（按条计算）}$$

$$= \frac{\sum \begin{subarray}{c}[某电压等级线路计划停运率EF_7 \times 该电压\\ 等级线路等效设施数N（按条计算）]\end{subarray}}{\sum 某电压等级线路的等效设施数N（按条计算）} \quad （次/条）$$

C.2.4 线路计算示例

C.2.4.1 线路计算示例1

某年2月3日00:00,某公司新投运5条220kV线路:线路A长度为100km,线路B长度为110km,线路C长度为120km,线路D长度为140km,线路E长度为150km。该年内线路共发生5次停运事件:2月9日09:00~11:00线路A和B各发生一次第一次非计划停运,2月20日09:00~11:00线路C发生一次第二次非计划停运,2月26日10:00~14:00线路D和线路E各发生一次计划停运。

（1）上述 5 条线路在该年 2 月（2 月取 28d，672h）的等效设施数和主要平均次数类指标计算如下。

等效设施数：$N = \dfrac{\sum \text{设施评价期间使用小时} PAT}{\text{评价期间小时} PT} = \dfrac{(672-48) \times 5}{672} = 4.643$（条）

或　$N = \dfrac{\sum \text{设施评价期间使用小时} PAT}{\text{评价期间小时} PT}$

$= \dfrac{(672-48) \times (100+110+120+140+150)}{672} = 575.714$（km）

不可用率：$EF_6 = \dfrac{\sum \text{不可用总次数} F_6}{\sum \text{等效设施数} N} = \dfrac{5}{4.643} = 1.077$（次/条）

或　$EF_6 = \dfrac{\sum \text{不可用总次数} F_6}{\sum \text{等效设施数} N} = \dfrac{5}{575.714} = 0.00869$（次/km）

计划停运率：$EF_7 = \dfrac{\sum \text{计划停运总次数} F_7}{\sum \text{等效设施数} N} = \dfrac{2}{4.643} = 0.431$（次/条）

或　$EF_7 = \dfrac{\sum \text{计划停运总次数} F_7}{\sum \text{等效设施数} N} = \dfrac{2}{575.714} = 0.00347$（次/km）

非计划停运率：$EF_{13} = \dfrac{\sum \text{非计划停运总次数} F_{13}}{\sum \text{等效设施数} N} = \dfrac{3}{4.643} = 0.646$（次/条）

或　$EF_{13} = \dfrac{\sum \text{非计划停运总次数} F_{13}}{\sum \text{等效设施数} N} = \dfrac{3}{575.714} = 0.00521$（次/km）

强迫停运率：$EF_{18} = \dfrac{\sum \text{强迫停运总次数} F_{18}}{\sum \text{等效设施数} N} = \dfrac{3}{4.643} = 0.646$（次/条）

或　$EF_{18} = \dfrac{\sum \text{强迫停运总次数} F_{18}}{\sum \text{等效设施数} N} = \dfrac{3}{575.714} = 0.00521$（次/km）

（2）上述 5 条线路在该年一季度（一季度取 90d，2160h）的等效设施数和主要平均次数类指标计算如下。

等效设施数：

$$N = \frac{\sum 设施评价期间使用小时 PAT}{评价期间小时 PT} = \frac{[(672-48)+744] \times 5}{2160} = 3.167 （条）$$

或

$$N = \frac{\sum 设施评价期间使用小时 PAT}{评价期间小时 PT}$$
$$= \frac{[(672-48)+744] \times (100+110+120+140+150)}{2160} = 392.667 （km）$$

不可用率：
$$EF_6 = \frac{\sum 不可用总次数 F_6}{\sum 等效设施数 N} = \frac{5}{3.167} = 1.579 （次/条）$$

或
$$EF_6 = \frac{\sum 不可用总次数 F_6}{\sum 等效设施数 N} = \frac{5}{392.667} = 0.0127 （次/km）$$

计划停运率：
$$EF_7 = \frac{\sum 计划停运总次数 F_7}{\sum 等效设施数 N} = \frac{2}{3.167} = 0.632 （次/条）$$

或
$$EF_7 = \frac{\sum 计划停运总次数 F_7}{\sum 等效设施数 N} = \frac{2}{392.667} = 0.00509 （次/km）$$

非计划停运率：
$$EF_{13} = \frac{\sum 非计划停运总次数 F_{13}}{\sum 等效设施数 N} = \frac{3}{3.167} = 0.947 （次/条）$$

或
$$EF_{13} = \frac{\sum 非计划停运总次数 F_{13}}{\sum 等效设施数 N} = \frac{3}{392.667} = 0.00764 （次/km）$$

强迫停运率：
$$EF_{18} = \frac{\sum 强迫停运总次数 F_{18}}{\sum 等效设施数 N} = \frac{3}{3.167} = 0.947 （次/条）$$

或
$$EF_{18} = \frac{\sum 强迫停运总次数 F_{18}}{\sum 等效设施数 N} = \frac{3}{392.667} = 0.00764 （次/km）$$

C.2.4.2 线路计算示例 2

某年 7 月 2 日 12:00，某公司新投入 1 条 350km 的 500kV 线路，全年停运时间情况见表 C.1。2 条 220kV 线路在运，线路 A 长为 150km，线路 B 长为 180km，全年停运事件见表 C.2。220kV 线路和 500kV 线路全年停运事件综合情况见表 C.3。500kV 线路的评价期间时间为 4380h，220kV 线路的评价期间时间为 8760h。现分别计算该公司 500kV 线路常用运行可靠性指标以及 220kV 线路和 500kV 线路的综合常用运行可靠性指标（常用可靠性指标包括可用系数、运行系数、计划停运系数、非计划停运系数、强迫停运系数、暴露系数、不可用率、计划停运率、非计划停运率、强迫停运率）。

表 C.1　　　　　　　　　　500kV 线路全年停运事件情况

输变电设施	事件经过	状态	总次数（次）	总累积时间（h）	可用/不可用
500kV 线路	8 月 1 日 00:00～06:30 9 月 2 日 00:00～08:30	计划停运 （状态序号 7）	2	15	不可用 （状态序号 6）
	10 月 5 日 05:00～08:00	第二类非计划停运 （状态序号 15）	1	3	不可用 （状态序号 6）
	11 月 1 日 00:00～10:00 12 月 1 日 00:00～10:00	调度备用 （状态序号 4）	2	20	可用 （状态序号 1）

500kV 线路常用运行可靠性指标计算如下。

等效设施数：$N = \dfrac{\text{评价期间使用小时} PAT}{\text{评价期间小时} PT} = \dfrac{4380}{8760} = 0.5$（条）

或　　　$N = \dfrac{\text{评价期间使用小时} PAT}{\text{评价期间小时} PT} = \dfrac{4380 \times 350}{8760} = 175$（km）

可用系数：

$$R_1 = \frac{\text{可用小时} T_1}{\text{评价期间使用时间} PAT} \times 100\% = \frac{4380 - 15 - 3}{4380} \times 100\% = 99.589\%$$

运行系数：

$$R_2 = \frac{\text{运行小时} T_2}{\text{评价期间使用时间} PAT} \times 100\% = \frac{4380 - 15 - 3 - 20}{4380} \times 100\% = 99.132\%$$

计划停运系数：$R_7 = \dfrac{\text{计划停运小时} T_7}{\text{评价期间使用时间} PAT} \times 100\% = \dfrac{15}{4380} \times 100\% = 0.342\%$

非计划停运系数：

$$R_{13} = \dfrac{\text{非计划停运小时} T_{13}}{\text{评价期间使用时间} PAT} \times 100\% = \dfrac{3}{4380} \times 100\% = 0.069\%$$

强迫停运系数：$R_{18} = \dfrac{\text{强迫停运小时} T_{18}}{\text{评价期间使用时间} PAT} \times 100\% = \dfrac{3}{4380} \times 100\% = 0.069\%$

暴露系数：$EXF = \dfrac{\text{运行小时} T_2}{\text{可用小时} T_1} \times 100\% = \dfrac{4380-15-3-20}{4380-15-3} \times 100\% = 99.542\%$

不可用率：$EF_6 = \dfrac{\text{不可用总次数} F_6}{\text{等效设施数} N} = \dfrac{2+1}{0.5} = 6$（次/条）

或 $\qquad EF_6 = \dfrac{\text{不可用总次数} F_6}{\text{等效设施数} N} = \dfrac{2+1}{175} = 0.01714$（次/km）

计划停运率：$EF_7 = \dfrac{\text{计划停运总次数} F_7}{\text{等效设施数} N} = \dfrac{2}{0.5} = 4$（次/条）

或 $\qquad EF_7 = \dfrac{\text{计划停运总次数} F_7}{\text{等效设施数} N} = \dfrac{2}{175} = 0.01143$（次/km）

非计划停运率：$EF_{13} = \dfrac{\text{非计划停运总次数} F_{13}}{\text{等效设施数} N} = \dfrac{1}{0.5} = 2$（次/条）

或 $\qquad EF_{13} = \dfrac{\text{非计划停运总次数} F_{13}}{\text{等效设施数} N} = \dfrac{1}{175} = 0.00571$（次/km）

强迫停运率：$EF_{18} = \dfrac{\text{强迫停运总次数} F_{18}}{\text{等效设施数} N} = \dfrac{1}{0.5} = 2$（次/条）

或 $\qquad EF_{18} = \dfrac{\text{强迫停运总次数} F_{18}}{\text{等效设施数} N} = \dfrac{1}{175} = 0.00571$（次/km）

表 C.2　　　　　　　　220kV 线路全年停运事件情况

输变电设施	事件经过	状态	总次数（次）	总累积时间（h）	可用/不可用
220kV A 线路	1月1日 00:00～06:00 3月1日 00:00～06:00 5月1日 00:00～08:00	计划停运（状态序号 7）	3	20	不可用（状态序号 6）
	4月6日 06:00～11:00	第二类非计划停运（状态序号 15）	1	5	不可用（状态序号 6）

输变电设施	事件经过	状态	总次数（次）	总累积时间（h）	可用/不可用
220kV A 线路	6 月 5 日 00:00～04:00 7 月 10 日 00:00～06:00	调度备用 （状态序号 4）	2	10	可用 （状态序号 1）
	2 月 6 日 06:00～12:00 8 月 2 日 03:00～09:00	受累备用 （状态序号 5）	2	12	可用 （状态序号 1）
220kV B 线路	4 月 1 日 00:00～04:00 9 月 1 日 00:00～05:00	计划停运 （状态序号 7）	2	9	不可用 （状态序号 6）
	5 月 15 日 01:00～07:00 9 月 11 日 04:00～12:00	第一类非计划停运 （状态序号 14）	2	14	不可用 （状态序号 6）
	11 月 3 日 06:00～14:00	第二类非计划停运 （状态序号 15）	1	8	不可用 （状态序号 6）

220kV 线路常用运行可靠性指标计算如下。

等效设施数：$N = \dfrac{\text{评价期间使用小时}PAT}{\text{评价期间小时}PT} = \dfrac{8760 \times 2}{8760} = 2$（条）

或　　　$N = \dfrac{\text{评价期间使用小时}PAT}{\text{评价期间小时}PT} = \dfrac{8760 \times (150 + 180)}{8760} = 330$（km）

可用系数：

$$R_1 = \dfrac{\text{可用小时}T_1}{\text{评价期间使用时间}PAT} \times 100\% = \dfrac{8760 - 20 - 5 - 9 - 14 - 8}{8760} \times 100\%$$
$$= 99.361\%$$

运行系数：

$$R_2 = \dfrac{\text{运行小时}T_2}{\text{评价期间使用时间}PAT} \times 100\%$$
$$= \dfrac{8760 - 20 - 5 - 10 - 12 - 9 - 14 - 8}{8760} \times 100\% = 99.110\%$$

计划停运系数：

$$R_7 = \dfrac{\text{计划停运小时}T_7}{\text{评价期间使用时间}PAT} \times 100\% = \dfrac{20 + 9}{8760} \times 100\% = 0.331\%$$

非计划停运系数：

$$R_{13} = \dfrac{\text{非计划停运小时}T_{13}}{\text{评价期间使用时间}PAT} \times 100\% = \dfrac{5 + 14 + 8}{8760} \times 100\% = 0.308\%$$

强迫停运系数：

$$R_{18} = \frac{\text{强迫停运小时} T_{18}}{\text{评价期间使用时间} PAT} \times 100\% = \frac{5+14+8}{8760} \times 100\% = 0.308\%$$

暴露系数：

$$EXF = \frac{\text{运行小时} T_2}{\text{可用小时} T_1} \times 100\% = \frac{8760-20-5-10-12-9-14-8}{8760-20-5-9-14-8} \times 100\% = 99.747\%$$

不可用率：$EF_6 = \dfrac{\text{不可用总次数} F_6}{\text{等效设施数} N} = \dfrac{3+1+2+2+1}{2} = 4.5$（次/条）

或　　$EF_6 = \dfrac{\text{不可用总次数} F_6}{\text{等效设施数} N} = \dfrac{3+1+2+2+1}{330} = 0.02727$（次/km）

计划停运率：$EF_7 = \dfrac{\text{计划停运总次数} F_7}{\text{等效设施数} N} = \dfrac{3+2}{2} = 2.5$（次/条）

或　　$EF_7 = \dfrac{\text{计划停运总次数} F_7}{\text{等效设施数} N} = \dfrac{3+2}{330} = 0.01515$（次/km）

非计划停运率：$EF_{13} = \dfrac{\text{非计划停运总次数} F_{13}}{\text{等效设施数} N} = \dfrac{1+2+1}{2} = 2$（次/条）

或　　$EF_{13} = \dfrac{\text{非计划停运总次数} F_{13}}{\text{等效设施数} N} = \dfrac{1+2+1}{330} = 0.01212$（次/km）

强迫停运率：$EF_{18} = \dfrac{\text{强迫停运总次数} F_{18}}{\text{等效设施数} N} = \dfrac{1+2+1}{2} = 2$（次/条）

或　　$EF_{18} = \dfrac{\text{强迫停运总次数} F_{18}}{\text{等效设施数} N} = \dfrac{1+2+1}{330} = 0.01212$（次/km）

表 C.3　　220kV 线路和 500kV 线路全年停运事件综合情况

输变电设施	状态	总次数（次）	总累积时间（h）	可用/不可用
220kV、500kV 线路	计划停运（状态序号 7）	2+3+2=7	15+20+9=44	不可用（状态序号 6）
	第一类非计划停运（状态序号 14）	2	14	不可用（状态序号 6）
	第二类非计划停运（状态序号 15）	1+1+1=3	3+5+8=16	不可用（状态序号 6）
	受累备用（状态序号 5）	2	12	可用（状态序号 1）
	调度备用（状态序号 4）	2+2=4	20+10=30	可用（状态序号 1）

220kV 线路和 500kV 线路综合常用运行可靠性指标计算如下。

等效设施数：$N = \dfrac{\sum 设施评价期间使用小时PAT}{评价期间小时PT} = \dfrac{8760 \times 2 + 4380 \times 1}{8760} = 2$（条）

或

$N = \dfrac{\sum 设施评价期间使用小时PAT}{评价期间小时PT} = \dfrac{8760 \times (150 + 180) + 4380 \times 350}{8760} = 505$（km）

可用系数：

$$R_1 = \dfrac{\sum 可用小时T_1}{\sum 评价期间使用时间PAT} \times 100\%$$

$$= \dfrac{(8760 + 4380) - 44 - 14 - 16}{8760 + 4380} \times 100\% = 99.437\%$$

运行系数：

$$R_2 = \dfrac{\sum 运行小时T_2}{\sum 评价期间使用时间PAT} \times 100\%$$

$$= \dfrac{(8760 + 4380) - 44 - 14 - 16 - 12 - 30}{8760 + 4380} \times 100\% = 99.117\%$$

计划停运系数：

$$R_7 = \dfrac{\sum 计划停运小时T_7}{\sum 评价期间使用时间PAT} \times 100\% = \dfrac{44}{8760 + 4380} \times 100\% = 0.335\%$$

非计划停运系数：

$$R_{13} = \dfrac{\sum 非计划停运小时T_{13}}{\sum 评价期间使用时间PAT} \times 100\% = \dfrac{14 + 16}{8760 + 4380} \times 100\% = 0.228\%$$

强迫停运系数：

$$R_{18} = \dfrac{\sum 强迫停运小时T_{18}}{\sum 评价期间使用时间PAT} \times 100\% = \dfrac{14 + 16}{8760 + 4380} \times 100\% = 0.228\%$$

暴露系数：

$$EXF = \dfrac{\sum 运行小时T_2}{\sum 可用小时T_1} \times 100\%$$

$$= \dfrac{(8760 + 4380) - 44 - 14 - 16 - 12 - 30}{(8760 + 4380) - 44 - 14 - 16} \times 100\% = 99.679\%$$

不可用率：$EF_6 = \dfrac{\sum \text{不可用总次数} F_6}{\sum \text{等效设施数} N} = \dfrac{7+2+3}{2.5} = 4.8$（次／条）

计划停运率：$EF_7 = \dfrac{\sum \text{计划停运总次数} F_7}{\sum \text{等效设施数} N} = \dfrac{7}{2.5} = 2.8$（次／条）

非计划停运率：$EF_{13} = \dfrac{\sum \text{非计划停运总次数} F_{13}}{\sum \text{等效设施数} N} = \dfrac{2+3}{2.5} = 2$（次／条）

强迫停运率：$EF_{18} = \dfrac{\sum \text{强迫停运总次数} F_{18}}{\sum \text{等效设施数} N} = \dfrac{2+3}{2.5} = 2$（次／条）

附　录　D
（继导则附录B中变压器的计算案例，
补充组合电器计算案例）
组合电器常用指标的计算示例

D.1　使用说明

本附录列出了组合电器的运行可靠性评价常用指标计算案例。

D.2　组合电器注册与计算说明

组合电器（GIS）是指将两种或两种以上的电器，按接线要求组成一个整体且各电器仍保持原性能的装置，主要包括气体绝缘金属封闭组合电器、复合式气体绝缘金属封闭组合电器和紧凑型组合电器三种类型。

以图D.1所示某电厂升压站500kV户外GIS为例，对组合电器注册、间隔和内部元件划分等问题进行说明。

（1）组合电器注册为一套。按照相关规程，一个变电（升压）站内同一电压并一次建成的组合电器注册为一套，因此，该升压站全部500kV户外GIS注册为一套。

（2）注册为8个间隔，详见图D.1中标注。

（3）间隔内全部GIS设备，具体要考虑现场设备实际位置，注意：

1）关于图D.1中序号1～3的主变压器或启备变间隔中是否包含变压器侧避雷器，视该避雷器是否在GIS气室内决定。如果避雷器在GIS气室内，则注册到GIS的主变压器间隔下的内部元件中，如果安装在变压器引出线位置，则作为敞开式设备单独注册。

2）关于图D.1中序号5、6的出线间隔，应包含间隔内母线侧、线路侧隔离开关、断路器、接地开关、电流互感器（图中未画出）、线路侧电压互感器、避雷器等。同主变压器间隔相同，如果线路侧避雷器和电压互感器在GIS 气室内，则注册到 GIS 出线间隔下的内部元件中，否则作为敞开式设备单独注册。

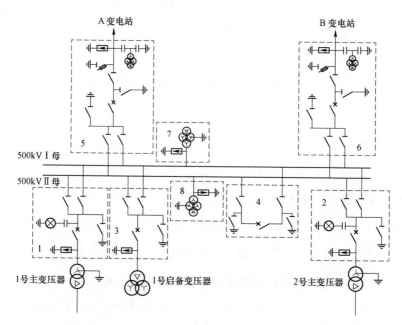

图 D.1　某电厂升压站 500kV 户外 GIS 部分主接线图

1—1 号主变压器高压侧间隔；2—2 号主变压器高压侧间隔；3—1 号启备变高压侧间隔；

4—母联开关间隔；5—向 A 变电站出线间隔 1；6—向 B 变电站出线间隔 2；

7—母线间隔 1（含电压互感器）；8—母线间隔 2（含电压互感器）

3）关于图 D.1 中序号 7、8 的母线间隔，应包含母线、与母线相连的电压互感器、避雷器等。

组合电器的可靠性指标在计算方法上和统计单位上与其他输变电设施略有不同，组合电器的单位为元件、间隔、套。

D.2.1　元件指标计算

元件指标计算方法同输变电设施的可靠性指标计算方法，具体又分为以下类别。

（1）单元件指标：按单设施指标计算。

（2）单间隔组合电器内部同类元件指标：按同一电压等级同类多设施计算。

（3）同一电压等级多间隔组合电器内容同类元件指标：按同一电压等级同类多设施计算。

（4）不同电压等级多间隔组合电器内部同类元件指标：按不同电压等级同类多设施计算。

D.2.2 间隔指标计算

间隔指标计算可按两种方式进行计算，第一种方式是按间隔内元件停运事件加权方式；第二种方式是按间隔内元件停运事件合并方式，即将每个间隔视为一个整体计算指标。

D.2.2.1 某间隔 GIS 指标

D.2.2.1.1 按间隔内元件停运事件加权方式计算

（1）比例类指标计算。

1）运行系数：

$$R_2 = \frac{\sum\limits_{i} 评价期间内第 i 类元件的运行小时}{\sum\limits_{i}(该间隔GIS的第 i 类元件总数 \times 评价期间使用小时)} \times 100\%$$

2）计划停运系数：

$$R_7 = \frac{\sum\limits_{i}\sum\limits_{j}\genfrac{}{}{0pt}{}{(评价期间内第 j 次计划停运的第 i 类元件数 \times}{第 j 次计划停运小时)}}{\sum\limits_{i}(该间隔GIS的第 i 类元件总数 \times 评价期间使用小时)} \times 100\%$$

3）非计划停运系数：

$$R_{13} = \frac{\sum\limits_{i}\sum\limits_{j}\genfrac{}{}{0pt}{}{(评价期间内第 j 次非计划停运的第 i 类元件数 \times}{第 j 次非计划停运小时)}}{\sum\limits_{i}(该间隔GIS 的第 i 类元件总数 \times 评价期间使用小时)} \times 100\%$$

4）强迫停运系数：

$$R_{18} = \frac{\sum\limits_{i}\sum\limits_{j}\genfrac{}{}{0pt}{}{(评价期间内第 j 次强迫停运的第 i 类元件数 \times}{第 j 次强迫停运小时)}}{\sum\limits_{i}(该间隔GIS的第 i 类元件总数 \times 评价期间使用小时)} \times 100\%$$

5）可用系数：

$$R_1 = \frac{\sum_i \sum_j 评价期间内第i类元件的可用小时}{\sum_i (该间隔GIS的第i类元件总数 \times 评价期间使用小时)} \times 100\%$$

$$= \left\{ 1 - \frac{\sum_i \sum_j \begin{array}{c} [评价期间内第j次（计停，非计停）的第i类元件数 \times \\ 第j次（计停，非计停）小时] \end{array}}{\sum_i (该间隔GIS的第i类元件总数 \times 评价期间使用小时)} \right\} \times 100\%$$

6）暴露系数：

$$EXF = \frac{\sum_i 评价期间内第i类元件的运行小时}{\sum_i 评价期间第i类元件的可用小时} \times 100\%$$

（2）次数类指标计算：

$$EF_k = \frac{\sum_i \sum_j (评价期间内第j次第k类使用状态的第i类元件数)}{\sum_i (该间隔GIS的第i类元件 \times 评价期间使用小时/评价期间时间)}$$

（次/该类设施量纲）

如计划停运率：

$$EF_7 = \frac{\sum_i \sum_j (评价期间内第j次计划停运的第i类元件数)}{\sum_i (该间隔GIS的第i类元件 \times 评价期间使用小时/评价期间时间)}$$

（次/该类设施量纲）

D.2.2.1.2　按间隔内元件停运事件合并方式计算

按单设施指标计算。

D.2.2.2　多间隔 GIS 指标

D.2.2.2.1　按间隔内元件停运事件加权方式计算

（1）比例类指标计算：

$$R_k = \frac{\sum_i \begin{array}{c} (第i间隔GIS的R_k \times 第i间隔GIS元件总数 \times \\ 第i间隔GIS评价期间使用小时) \end{array}}{\sum_i (第i间隔GIS总元件数 \times 第i间隔GIS评价期间使用小时)} \times 100\%$$

如可用系数：

$$R_1 = \frac{\sum_i (\text{第}i\text{间隔GIS的可用系数} \times \text{第}i\text{间隔GIS元件总数} \times \text{第}i\text{间隔GIS评价期间使用小时})}{\sum_i (\text{第}i\text{间隔GIS总元件数} \times \text{第}i\text{间隔GIS评价期间使用小时})} \times 100\%$$

暴露系数： $EXF = \dfrac{\sum_i \text{评价期间内第}i\text{类元件的运行小时}}{\sum_i \text{评价期间第}i\text{类元件的可用小时}} \times 100\%$

（2）次数类指标计算：

$$EF_k = \frac{\sum_i (\text{第}i\text{间隔GIS的}EF_k \times \text{第}i\text{间隔GIS元件总数} \times \text{第}i\text{间隔GIS评价期间使用小时})}{\sum_i (\text{第}i\text{间隔GIS元件总数} \times \text{第}i\text{间隔GIS评价期间使用时间})}$$

（次/该类设施量纲）

如计划停运率：

$$EF_7 = \frac{\sum_i (\text{第}i\text{间隔GIS的}EF_7 \times \text{第}i\text{间隔GIS元件总数} \times \text{第}i\text{间隔GIS评价期间使用小时})}{\sum_i (\text{第}i\text{间隔GIS元件总数} \times \text{第}i\text{间隔GIS评价期间使用时间})}$$

（次/该类设施量纲）

D.2.2.2.2 按内元件停运事件合并方式

（1）比例类指标计算：

$$R_k = \frac{\sum_i (\text{第}i\text{间隔 GIS 的}R_k \times \text{第}i\text{间隔 GIS 评价期间使用小时})}{\sum_i \text{第}i\text{间隔 GIS 评价期间使用小时}} \times 100\%$$

如可用系数：

$$R_1 = \frac{\sum_i (\text{第}i\text{间隔 GIS 的}R_1 \times \text{第}i\text{间隔 GIS 评价期间使用小时})}{\sum_i \text{第}i\text{间隔GIS评价期间使用小时}} \times 100\%$$

暴露系数： $EXF = \dfrac{\sum_i \text{评价期间内第}i\text{类间隔GIS的运行小时}}{\sum_i \text{评价期间第}i\text{间隔GIS的可用小时}} \times 100\%$

（2）次数类指标计算：

$$EF_k = \frac{\sum\limits_{i}(第 i 间隔GIS的 EF_k \times 第 i 间隔GIS评价期间使用小时)}{\sum\limits_{i}第 i 间隔GIS评价期间使用小时}（次 / 该类设施量纲）$$

如计划停运率：

$$EF_7 = \frac{\sum\limits_{i}(第 i 间隔GIS的 EF_7 \times 第 i 间隔GIS评价期间使用小时)}{\sum\limits_{i}第 i 间隔GIS评价期间使用小时}$$

（次 / 该类设施量纲）

D.2.3 套指标计算

套指标计算也可按两种方式进行计算，第一种方式是按元件停运事件加权方式；第二种方式是按元件停运事件合并方式。

D.2.3.1 单套 GIS 指标

D.2.3.1.1 按元件停运事件加权方式计算

同 D.2.2.2.1 的多间隔 GIS 指标中的按间隔内元件停运事件加权方式计算。

D.2.3.1.2 按元件停运事件合并方式计算

同 D.2.2.2.2 的多间隔 GIS 指标中的按间隔内元件停运事件合并方式计算。

D.2.3.2 多套 GIS 指标

D.2.3.2.1 按元件停运事件加权方式计算

同 D.2.3.1.1 的单套 GIS 指标中的按元件停运事件加权方式计算。

D.2.3.2.2 按元件停运事件合并方式计算

（1）比例类指标计算：

$$R_k = \frac{\sum\limits_{i}\left(\begin{array}{c}第 i 套GIS的 R_k \times 第 i 套GIS间隔总数 \times \\ 第 i 套GIS评价期间使用小时\end{array}\right)}{\sum\limits_{i}(第 i 套GIS总间隔数 \times 第 i 套GIS评价期间使用小时)} \times 100\%$$

如可用系数：

$$R_1 = \frac{\sum_i (\text{第}i\text{套GIS的}R_1 \times \text{第}i\text{套GIS间隔总数} \times \text{第}i\text{套GIS评价期间使用小时})}{\sum_i (\text{第}i\text{套GIS总间隔数} \times \text{第}i\text{套GIS评价期间使用小时})} \times 100\%$$

暴露系数：$EXF = \dfrac{\sum_i \text{评价期间内第}i\text{套GIS的运行小时}}{\sum_i \text{评价期间第}i\text{套GIS的可用小时}} \times 100\%$

（2）次数类指标计算：

$$EF_k = \frac{\sum_i \begin{array}{c}(\text{第}i\text{套GIS的}EF_k \times \text{第}i\text{套GIS间隔总数} \times \\ \text{第}i\text{套GIS评价期间使用小时})\end{array}}{\sum_i (\text{该}i\text{套GIS总间隔数} \times \text{第}i\text{套GIS评价期间使用时间})}$$

（次 / 该类设施量纲）

如计划停运率：

$$EF_7 = \frac{\sum_i \begin{array}{c}(\text{第}i\text{套GIS的}EF_7 \times \text{第}i\text{套GIS间隔总数} \times \\ \text{第}i\text{套GIS评价期间使用小时})\end{array}}{\sum_i (\text{该}i\text{套GIS总间隔数} \times \text{第}i\text{套GIS评价期间使用时间})}$$

（次 / 该类设施量纲）

D.3 组合电器计算实例

D.3.1 按间隔内元件停运事件加权方式计算

如图 1 所示的 GIS 母联开关间隔内共有元件总数为 5 个，某元件计划停运 2 次，停运时间共 6h，非计划停运次数 1 次，停运时间为 3h，评价期间时间为 8760h。

该间隔计划停运系数：

$$R_7 = \frac{\sum_i \sum_j (\text{评价期间内第}j\text{次计划停运的第}i\text{类元件数} \times \text{第}j\text{次计划停运小时})}{\sum_i (\text{该间隔GIS的第}i\text{类元件总数} \times \text{评价期间使用小时})} \times 100\%$$

$$= \frac{6}{5 \times 8760} \times 100\% = 0.01370\%$$

非计划停运系数：

$$R_{13} = \frac{\sum\limits_{i}\sum\limits_{j}(\text{评价期间内第}\,j\,\text{次非计划停运的第}\,i\,\text{类元件数}\times\text{第}\,j\,\text{次非计划停运小时})}{\sum\limits_{i}(\text{该间隔GIS的第}\,i\,\text{类元件总数}\times\text{评价期间使用小时})}\times 100\%$$

$$= \frac{3}{5\times 8760}\times 100\% = 0.00685\%$$

可用系数：

$$R_1 = \frac{\sum\limits_{i}\text{评价期间内第}\,i\,\text{类元件的可用小时}}{\sum\limits_{i}(\text{该间隔GIS的第}\,i\,\text{类元件总数}\times\text{评价期间使用小时})}\times 100\%$$

$$= \left\{1 - \frac{\sum\limits_{i}\sum\limits_{j}\begin{matrix}[\text{评价期间内第}\,j\,\text{次（计停，非计停）的第}\,i\,\text{类元件数}\times\\ \text{第}\,j\,\text{次（计停，非计停）小时}]\end{matrix}}{\sum\limits_{i}(\text{该间隔GIS的第}\,i\,\text{类元件总数}\times\text{评价期间使用小时})}\right\}\times 100\%$$

$$= \left(1 - \frac{6+3}{5\times 8760}\right)\times 100\%$$

$$= 99.980\%$$

计划停运率：

$$EF_7 = \frac{\sum\limits_{i}\sum\limits_{j}(\text{评价期间内第}\,j\,\text{次计划停运的第}\,i\,\text{类元件数})}{\sum\limits_{i}(\text{该间隔GIS的第}\,i\,\text{类元件}\times\text{评价期间使用小时/评价期间时间})}$$

（次/该类设施量纲）

$$= \frac{2}{5\times 8760/8760} = 0.4\ \text{（次/元件）}$$

非计划停运率：

$$EF_{13} = \frac{\sum\limits_{i}\sum\limits_{j}(\text{评价期间内第}\,j\,\text{次非计划停运的第}\,i\,\text{类元件数})}{\sum\limits_{i}(\text{该间隔GIS的第}\,i\,\text{类元件}\times\text{评价期间使用小时/评价期间时间})}$$

（次/该类设施量纲）

$$= \frac{1}{5\times 8760/8760} = 0.2\ \text{（次/元件）}$$

D.3.2　按间隔内元件停运事件合并方式计算

如图1所示GIS的2号主变压器高压侧间隔计划停运1次，停运时间为

5h，非计划停运 1 次，停运时间为 3h，该 GIS 的间隔总数为 8 个，评价期间时间为 8760h。

该 2 号主变压器高压侧间隔可用系数：

$$R_1 = \frac{\text{可用时间} T_1}{\text{评价期间使用时间} PAT} \times 100\% = \frac{8760 - 5 - 3}{8760} \times 100\% = 99.909\%$$

该套 GIS 可用系数：

$$R_1 = \frac{\sum_i (\text{第} i \text{ 间隔 GIS 的} R_1 \times \text{第} i \text{ 间隔 GIS 评价期间使用小时})}{\sum_i \text{第} i \text{ 间隔 GIS 评价期间使用小时}} \times 100\%$$

$$= 1 - \frac{5 + 3}{8 \times 8760} \times 100\% = 98.989\%$$

该套 GIS 的计划停运率：

$$EF_7 = \frac{\sum_i (\text{第} i \text{ 间隔GIS 的} EF_7 \times \text{第} i \text{ 间隔GIS 评价期间使用小时})}{\sum_i \text{第} i \text{ 间隔GIS评价期间使用小时}}$$

（次 / 该类设施量纲）

$$= \frac{1 \times 8760}{8 \times 8760} = 0.125 \text{（次/间隔）}$$

非计划停运率：

$$EF_{13} = \frac{\sum_i (\text{第} i \text{ 间隔GIS的} EF_{13} \times \text{第} i \text{ 间隔GIS 评价期间使用小时})}{\sum_i \text{第} i \text{ 间隔GIS 评价期间使用小时}}$$

（次 / 该类设施量纲）

$$= \frac{1 \times 8760}{8 \times 8760} = 0.125 \text{（次/间隔）}$$

附　录　E
（继导则附录 B 中变压器的计算案例，补充换流阀计算案例）
换流阀常用指标的计算示例

E.1　使用说明

本附录提供的信息可用于理解直流输变电设施运行可靠性评价常用指标的计算方法。

本附录列出了换流阀的运行可靠性评价常用指标计算案例。

E.2　计算示例

某±800kV 直流输电工程采用的是双极双 12 脉动的接线方式，每极均有两个串联的 12 脉动阀组。采用二重阀塔方式组建换流桥，二重阀塔主要特征为：12 脉动阀组由两个 6 脉动阀组串联而成，每个 6 脉动阀组每相由两个换流阀臂串联，一个 6 脉动阀组每相两个阀臂紧密串联布置在一个阀塔上，12 个脉动阀组共 6 个二重阀，双极完整共 12 个二重阀。

某年 3 月 1 日 00:00 双极投运，该年内换流阀发生 2 次停运事件：5 月 17 日 10:00～14:30 极Ⅰ A 相右侧阀塔发生一次第一类非计划停运，11 月 12 日 9:00～11:30 极Ⅰ C 相左侧阀塔发生一次计划停运。

（1）上述 12 台换流阀阀塔在该年 5 月（取 31d，744h）的等效设施数和主要平均次数类指标计算如下。

等效设施数：$N = \dfrac{\sum \text{设施评价期间使用小时}PAT}{\text{评价期间小时}PT} = \dfrac{744 \times 12}{744} = 12$（台）

不可用率：$EF_6 = \dfrac{\sum \text{不可用总次数}F_6}{\sum \text{等效设施数}N} = \dfrac{1}{12} = 0.0833$（次 / 台）

计划停运率：$EF_7 = \dfrac{\sum \text{计划停运总次数} F_7}{\sum \text{等效设施数} N} = \dfrac{0}{12} = 0$（次／台）

非计划停运率：$EF_{13} = \dfrac{\sum \text{非计划停运总次数} F_{13}}{\sum \text{等效设施数} N} = \dfrac{1}{12} = 0.0833$（次／台）

强迫停运率：$EF_{18} = \dfrac{\sum \text{强迫停运总次数} F_{18}}{\sum \text{等效设施数} N} = \dfrac{1}{12} = 0.08333$（次／台）

（2）上述 12 台换流阀阀塔在该年 11 月（取 30d，720h）的等效设施数和主要平均次数类指标计算如下。

等效设施数：$N = \dfrac{\sum \text{设施评价期间使用小时} PAT}{\text{评价期间小时} PT} = \dfrac{720 \times 12}{720} = 12$（台）

不可用率：$EF_6 = \dfrac{\sum \text{不可用总次数} F_6}{\sum \text{等效设施数} N} = \dfrac{1}{12} = 0.0833$（次／台）

计划停运率：$EF_7 = \dfrac{\sum \text{计划停运总次数} F_7}{\sum \text{等效设施数} N} = \dfrac{1}{12} = 0.0833$（次／台）

非计划停运率：$EF_{13} = \dfrac{\sum \text{非计划停运总次数} F_{13}}{\sum \text{等效设施数} N} = \dfrac{0}{12} = 0$（次／台）

强迫停运率：$EF_{18} = \dfrac{\sum \text{强迫停运总次数} F_{18}}{\sum \text{等效设施数} N} = \dfrac{0}{12} = 0$（次／台）

（3）上述 12 台换流阀阀塔在该年一季度（90d，2160h）的等效设施数和主要平均次数类指标计算如下。

等效设施数：$N = \dfrac{\sum \text{设施评价期间使用小时} PAT}{\text{评价期间小时} PT} = \dfrac{744 \times 12}{2160} = 4.133$（台）

不可用率：$EF_6 = \dfrac{\sum \text{不可用总次数} F_6}{\sum \text{等效设施数} N} = \dfrac{0}{4.133} = 0$（次／台）

计划停运率：$EF_7 = \dfrac{\sum \text{计划停运总次数} F_7}{\sum \text{等效设施数} N} = \dfrac{0}{4.133}$

非计划停运率：$EF_{13} = \dfrac{\sum 非计划停运总次数F_{13}}{\sum 等效设施数N} = \dfrac{0}{4.133} = 0$（次/台）

强迫停运率：$EF_{18} = \dfrac{\sum 强迫停运总次数F_{18}}{\sum 等效设施数N} = \dfrac{0}{4.133} = 0$（次/台）

（4）上述 12 台换流阀阀塔在该年全年（365d，8760 h）的可靠性指标计算如下。

等效设施数：

$$N = \dfrac{\sum 设施评价期间使用小时PAT}{评价期间小时PT} = \dfrac{(8760 - 744 - 672) \times 12}{8760} = 10.06$（台）

不可用率：$EF_6 = \dfrac{\sum 不可用总次数F_6}{\sum 等效设施数N} = \dfrac{2}{10.06} = 0.199$（次/台）

计划停运率：$EF_7 = \dfrac{\sum 计划停运总次数F_7}{\sum 等效设施数N} = \dfrac{1}{10.06} = 0.099$（次/台）

非计划停运率：$EF_{13} = \dfrac{\sum 非计划停运总次数F_{13}}{\sum 等效设施数N} = \dfrac{1}{10.06} = 0.099$（次/台）

强迫停运率：$EF_{18} = \dfrac{\sum 强迫停运总次数F_{18}}{\sum 等效设施数N} = \dfrac{1}{10.06} = 0.099$（次/台）

可用系数：

$$R_1 = \dfrac{\sum 可用小时T_1}{\sum 评价期间使用时间PAT} \times 100\% = \dfrac{8760 - 4.5 - 2.5}{8760} \times 100\% = 99.92\%$$

运行系数：

$$R_2 = \dfrac{\sum 运行小时T_2}{\sum 评价期间使用时间PAT} \times 100\% = \dfrac{8760 - 4.5 - 2.5}{8760} \times 100\% = 99.92\%$$

计划停运系数：

$$R_7 = \dfrac{\sum 计划停运小时T_7}{\sum 评价期间使用时间PAT} \times 100\% = \dfrac{2.5}{8760} \times 100\% = 0.029\%$$

非计划停运系数：

$$R_{13} = \frac{\sum 非计划停运小时 T_{13}}{\sum 评价期间使用时间 PAT} \times 100\% = \frac{4.5}{8760} \times 100\% = 0.051\%$$

强迫停运系数：

$$R_{18} = \frac{\sum 强迫停运小时 T_{18}}{\sum 评价期间使用时间 PAT} \times 100\% = \frac{4.5}{8760} \times 100\% = 0.051\%$$

暴露系数：

$$EXF = \frac{\sum 运行小时 T_2}{\sum 可用小时 T_1} \times 100\% = \frac{8760 - 4.5 - 2.5}{8760 - 4.5 - 2.5} \times 100\% = 100\%$$

参 考 文 献

[1] 国家电网公司. 电力可靠性管理基础 [M]. 北京：中国电力出版社，2012.

[2] 国家电网公司. 输变电设施及系统可靠性管理 [M]. 北京：中国电力出版社，2012.

[3] 国家电网公司. 输变电设施可靠性工作指南 [M]. 北京：中国电力出版社，2012.

[4] 汪拥军. 输变电设施及回路可靠性管理 [M]. 北京：中国电力出版社，2020.

[5] 中国电力企业联合会. 输变电设施可靠性管理常见问题解答 [M]. 北京：中国建材
    工业出版社，2021.

[6] 国家电网公司. 输变电设施可靠性管理工作手册 [M]. 2版. 北京：中国电出版社，
    2009.

[7] 国家电力监管委员会电力可靠性管理中心. 电力可靠性技术与管理培训教材
    [M]. 北京：中国电力出版社，2007.

[8] 魏哲明，张叔禹. 输变电设施可靠性管理手册 [M]. 北京：中国水利水电出版社，
    2016.

[9] 《电力可靠性管理培训教材》编委会. 电力可靠性管理培训教材　电力可靠性管理基
    础 [M]. 北京：中国电力出版社，2020.

[10]《电力可靠性管理培训教材》编委会. 电力可靠性管理培训教材　输变电设施及回路
    可靠性管理 [M]. 北京：中国电力出版社，2020.